U0344311

1949-2019
新中国气象事业70周年

从往昔到今朝

从荆棘到花环

寒来暑往中坚守

七十年薪火相传

新时代新起点

启程再登高

更入云霞深处

齐鲁青未了

新中国气象事业70周年·山东卷

山东省气象局

气象出版社
China Meteorological Press

图书在版编目（CIP）数据

新中国气象事业70周年. 山东卷 / 山东省气象局编
著. -- 北京 : 气象出版社, 2020.11
ISBN 978-7-5029-7144-1

Ⅰ.①新… Ⅱ.①山… Ⅲ.①气象－工作－山东－画册
Ⅳ.①P468.2-64

中国版本图书馆CIP数据核字(2020)第171071号

新中国气象事业70周年·山东卷
Xinzhongguo Qixiang Shiye Qishi Zhounian·Shandong Juan

山东省气象局　编著

出版发行：气象出版社

地　　址：北京市海淀区中关村南大街46号　　**邮政编码：**100081

电　　话：010–68407112（总编室）　　010–68408042（发行部）

网　　址：http://www.qxcbs.com　　**E－mail：**qxcbs@cma.gov.cn

策划编辑：周　露

责任编辑：黄红丽　　**终　　审：**吴晓鹏

责任校对：张硕杰　　**责任技编：**赵相宁

装帧设计：新光洋（北京）文化传播有限公司

印　　刷：北京地大彩印有限公司

开　　本：889 mm×1194 mm 1/16　　**印　　张：**14.75

字　　数：378千字

版　　次：2020年11月第1版　　**印　　次：**2020年11月第1次印刷

定　　价：298.00元

《新中国气象事业 70 周年·山东卷》编委会

主　任： 史玉光
副主任： 朱　键
成　员： 孙延廷　杨清军　高振良　王升建　徐德力
　　　　　常　静　张华庆

总 序

　　1949 年 12 月 8 日是载入史册的重要日子。这一天，经中央批准，中央军委气象局正式成立，开启了新中国气象事业的伟大征程。

　　气象事业始终根植于党和国家发展大局，与国家发展同行共进、同频共振。伴随着国家发展的进程，气象事业从小到大、从弱到强、从落后到先进，走出了一条中国特色社会主义气象发展道路。新中国成立后，我们秉持人民利益至上这一根本宗旨，统筹做好国防和经济建设气象服务。在国家改革开放的大潮中，我们全面加速气象现代化建设，在促进国家经济社会发展和保障改善民生中实现气象事业的跨越式发展。党的十八大以来，我们坚持以习近平新时代中国特色社会主义思想为指导，坚持在贯彻落实党中央决策部署和服务保障国家重大战略中发展气象事业，开启了现代化气象强国建设的新征程。70 年气象事业的生动实践深刻诠释了国运昌则事业兴、事业兴则国家强。

　　气象事业始终在党中央、国务院的坚强领导和亲切关怀下，与伟大梦想同心同向、逐梦同行。党和国家始终把气象事业作为基础性公益性社会事业，纳入经济社会发展全局统筹部署、同步推进。毛泽东主席关于气象部门要把天气常常告诉老百姓的指示，成为气象工作贯穿始终的根本宗旨。邓小平同志强调气象工作对工农业生产很重要，江泽民同志指出气象现代化是国家现代化的重要标志，胡锦涛同志要求提高气象预测预报、防灾减灾、应对气候变化和开发利用气候资源能力，都为气象事业发展指明了方向，鼓舞着我们奋勇前行。习近平总书记特别指出，气象工作关系生命安全、生产发展、生活富裕、生态良好，要求气象工作者推动气象事业高质量发展，提高气象服务保障能力，为我们以更高的政治站位、更宽的国际视野、更强的使命担当实现更大发展，提供了根本遵循。

　　在党中央、国务院的坚强领导下，一代代气象人接续奋斗、奋力拼搏，气象事业发生了根本性变化，取得了举世瞩目的成就。

　　70 年来，我们紧紧围绕国家发展和人民需求，坚持趋利避害并举，建成了世界上保障领域最广、机制最健全、效益最突出的气象服务体系。

　　面向防灾减灾救灾，我们努力做到了重大灾害性天气不漏报，成功应对了超强台风、特大洪水、低温雨雪冰冻、严重干旱等重大气象灾害，为各级党委政府防灾减灾部署和人民群众避灾赢得了先机。我们建成了多部门共享共用的国家突发事件预警信息发布系统，努力做到重点灾害预警不留盲区，预警信息可在 10 分钟内覆盖 86% 的老百姓，有效解决了"最后一公里"问题，充分发挥了气象防灾减灾第一道防线作用。

面向生态文明建设，我们构建了覆盖多领域的生态文明气象保障服务体系，打造了人工影响天气、气候资源开发利用、气候可行性论证、气候标志认证、卫星遥感应用、大气污染防治保障等服务品牌，开展了三江源、祁连山等重点生态功能区空中云水资源开发利用，完成了国家和区域气候变化评估，组织了四次全国风能资源普查，探索建设了国家气象公园，建立了世界上规模最大的现代化人工影响天气作业体系，人工增雨（雪）覆盖500万平方公里，防雹保护达50多万平方公里，有力推动了生态修复、环境改善，气象已经成为美丽中国的参与者、守护者、贡献者。

面向经济社会发展，我们主动服务和融入乡村振兴、"一带一路"、军民融合、区域协调发展等国家重大战略，主动服务和融入现代化经济体系建设，大力加强了农业、海洋、交通、自然资源、旅游、能源、健康、金融、保险等领域气象服务，成功保障了新中国成立70周年、北京奥运会等重大活动和南水北调、载人航天等重大工程，积极引导了社会资本和社会力量参与气象服务，服务领域已经拓展到上百个行业、覆盖到亿万用户，投入产出比达到1∶50，气象服务的经济社会效益显著提升。

面向人民美好生活，我们围绕人民群众衣食住行健康等多元化服务需求，创新气象服务业态和模式，大力发展智慧气象服务，打造"中国天气"服务品牌，气象服务的及时性、准确性大幅提高。气象影视服务覆盖人群超过10亿，"两微一端"气象新媒体服务覆盖人群超6.9亿，中国天气网日浏览量突破1亿人次，全国气象科普教育基地超过350家，气象服务公众覆盖率突破90%，公众满意度保持在85分以上，人民群众对气象服务的获得感显著增强。

70年来，我们始终坚持气象现代化建设不动摇，建成了世界上规模最大、覆盖最全的综合气象观测系统和先进的气象信息系统，建成了无缝隙智能化的气象预报预测系统。

综合气象观测系统达到世界先进水平。气象观测系统从以地面人工观测为主发展到"天—地—空"一体化自动化综合观测。现有地面气象观测站7万多个，全国乡镇覆盖率达到99.6%，数据传输时效从1小时提升到1分钟。建成了216部雷达组成的新一代天气雷达网，数据传输时效从8分钟提升到50秒。成功发射了17颗风云系列气象卫星，7颗在轨运行，为全球100多个国家和地区、国内2500多个用户提供服务，风云二号H星成为气象服务"一带一路"的主力卫星。建立了生态、环境、农业、海洋、交通、旅游等专业气象监测网，形成了全球最大的综合气象观测网。

气象信息化水平显著增强。物联网、大数据、人工智能等新技术得到深入应用，形成了"云＋端"的气象信息技术新架构。建成了高速气象网络、海量气象数据库和国产超级计算机系统，每日新增的气象数据量是新中国成立初期的 100 多万倍。新建设的"天镜"系统实现了全业务、全流程、全要素的综合监控。气象数据率先向国内外全面开放共享，中国气象数据网累计用户突破 30 万，海外注册用户遍布 70 多个国家，累计访问量超过 5.1 亿人次。

气象预报业务能力大幅提升。从手工绘制天气图发展到自主创新数值天气预报，从站点预报发展到精细化智能网格预报，从传统单一天气预报发展到面向多领域的影响预报和风险预警，气象预报预测的准确率、提前量、精细化和智能化水平显著提高。全国暴雨预警准确率达到 88%，强对流预警时间提前至 38 分钟，可提前 3 ~ 4 天对台风路径做出较为准确的预报，达到世界先进水平。2017 年中国气象局成为世界气象中心，标志着我国气象现代化整体水平迈入世界先进行列！

70 年来，我们紧跟国家科技发展步伐和世界气象科技发展趋势，大力加强气象科技创新和人才队伍建设，我国气象科技创新由以跟踪为主转向跟跑并跑并存的新阶段。

建立了较为完善的国家气象科技创新体系。我们不断优化气象科技创新功能布局，形成了气象部门科研机构、各级业务单位和国家科研院所、高等院校、军队等跨行业科研力量构成的气象科技创新体系。强化气象科技与业务服务深度融合，大力发展研究型业务。加快核心关键技术攻关，雷达、卫星、数值预报等技术取得重大突破，有力支撑了气象现代化发展。坚持气象科技创新和体制机制创新"双轮驱动"，形成了更具活力的气象科技管理制度和创新环境。气象科技成果获国家自然科学奖 26 项，获国家科技进步奖 67 项。

科技人才队伍建设取得丰硕成果。我们大力实施人才优先战略，加强科技创新团队建设。全国气象领域两院院士 35 人，气象部门入选"千人计划""万人计划"等国家人才工程 25 人。气象科学家叶笃正、秦大河、曾庆存先后获得国际气象领域最高奖，叶笃正获国家最高科学技术奖。一系列科技创新成果和一大批科技人才有力支撑了气象现代化建设。

70 年来，我们坚持并完善气象体制机制、不断深化改革开放和管理创新，气象事业从封闭走向开放、从传统走向现代、从部门走向社会、从国内走向全球。

领导管理体制不断巩固完善。坚持并不断完善双重领导、以部门为主的领导管理体制和双重计划财务体制，遵循了气象科学发展的内在规律，实现了气象现代化全国统一规划、统一布局、统一建设、统一管理，形成了中央和地方共同推进气象事业发展、共同建设气象现代化的格局，满足了国家和地方经济社会发展对气象服务的多样化需求。

各项改革不断深化。坚持发展与改革有机结合，协同推进"放管服"改革和气象行政审批制度改革，全面完成国务院防雷减灾体制改革任务，深入推进气象服务体制、业务科技体制、管理体制等改革，初步建立了与国家治理体系和治理能力现代化相适应的业务管理体系和制度体系，为气象事业高质量发展注入强大动力。

开放合作力度不断加大。与近百家单位开展务实合作，形成了省部合作、部门合作、局校合作、局企合作的全方位、宽领域、深层次国内开放合作格局。先后与 160 多个国家和地区开展了气象科技合作交流，深度参与"一带一路"建设，为广大发展中国家提供气象科技援助，100 多位中国专家在世界气象组织、政府间气候变化专门委员会等国际组织中任职，气象全球影响力和话语权显著提升，我国已成为世界气象事业的深度参与者、积极贡献者，为全球应对气候变化和自然灾害防御不断贡献中国智慧和中国方案。

气象法治体系不断健全。建立了《气象法》为龙头，行政法规、部门规章、地方法规组成的气象法律法规制度体系，形成了由国家、地方、行业和团体等各类标准组成的气象标准体系，气象事业进入法治化发展轨道。

70 年来，我们始终坚持党对气象事业的全面领导，以政治建设为统领，全面加强党的建设，在拼搏奉献中践行初心使命，为气象事业高质量发展提供坚强保证。

70 年来，气象事业发展历程中人才辈出、精神璀璨，有夙夜为公、舍我其谁的开创者和领导者，有精益求精、勇攀高峰的科学家，有奋楫争先、勇挑重担的先进模范，有甘于清苦、默默奉献的广大基层职工。一代代气象人以服务国家、服务人民的深厚情怀，谱写了气象事业跨越式发展的壮丽篇章；一代代气象人推动着气象事业的长河奔腾向前，唱响了砥砺奋进的动人赞歌；一代代气象人凝练出"准确、及时、创新、奉献"的气象精神，激发起干事创业的担当魄力！

70 年的发展实践，我们深刻地认识到，**坚持党的全面领导是气象事业的根本保证。**70 年来，在党的领导下，气象事业紧贴国家、时代和人民的要求，实现健康持续发展。我们坚持以习近平新时代中国特色社会主义思想为指导，增强"四个意识"，坚定"四个自信"，做到"两个维护"，把党的领导贯穿和体现到气象事业改革发展各方面各环节，确保气象改革发展和现代化建设始终沿着正确的方向前行。**坚持以人民为中心的发展思想是气象事业的根本宗旨。**70 年来，我们把满足人民生产生活需求作为根本任务，把保护人民生命财产安全放在首位，把老百姓的安危冷暖记在心上，把为人民服务的宗旨落实到积极推进气象服务供给侧结构性改革等各方面工作，促进气象在公共服务领域不断做出新的贡献。**坚持气象现代化建设不动摇是气象事业的兴业之路。**70 年来，我们坚定不移加强和推进气象现代化建设，以现代化引领和推动气象事业发展。我们按照新时代中国特色社会主义事业的战略安排，谋划推进现代化气象强国建设，确保气象现代化同党和国家的发展要求相适应、同气象事业发展目标相契合。**坚持科技创新驱动和人才优先发展是气象事业的根本动力**。70 年来，我们大力实施科技创新战略，着力建设高素质专业化干部人才队伍，集中攻关制约气象事业发展的核心关键技术难题，促进了气象科技实力和业务水平的不断提升。**坚持深化改革扩大开放是气象事业的活力源泉**。70 年来，我们紧跟国家步伐，全面深化气象改革开放，认识不断深化、力度不断加大、领域不断拓展、成效不断显现，推动气象事业在不断深化改革中披荆斩棘、破浪前行。

铭记历史，继往开来。《新中国气象事业 70 周年》系列画册选录了 70 年来全国各级气象部门最具有历史意义的图片，生动全面地记录了气象事业的发展足迹和突出贡献。通过系列画册，面向社会充分展示了气象事业 70 年来的生动实践、显著成就和宝贵经验；展现了气象事业对中国社会经济发展、人民福祉安康提供的强有力保障、支撑；树立了"气象为民"形象，扩大中国气象的认知度、影响力和公信力；同时积累和典藏气象历史、弘扬气象人精神，能够推动气象文化建设，凝聚共识，汇聚推进气象事业改革发展力量。

在新的长征路上，气象工作责任更加重大、使命更加光荣，我们将以习近平新时代中国特色社会主义思想为指导，不忘初心、牢记使命，发扬优良传统，加快科技创新，做到监测精密、预报精准、服务精细，推动气象事业高质量发展，提高气象服务保障能力，发挥气象防灾减灾第一道防线作用，以永不懈怠的精神状态和一往无前的奋斗姿态，为决胜全面建成小康社会、建设社会主义现代化国家做出新的更大贡献！

中国气象局党组书记、局长：刘雅鸣

2019 年 12 月

前 言

　　70 年风云激荡，70 年波澜壮阔。新中国的诞生，为气象事业开辟了广阔空间和光明前景。山东省气象事业走过了由小到大、由弱变强、由封闭走向开放、由落后走向现代化的 70 年光辉历程。

　　从 1880 年列强环伺下最早的一笔观测数据，到新中国成立以后的百废待兴、艰难曲折；从十一届三中全会召开后的拨乱反正、蓬勃发展，再到党的十八大以来取得的累累硕果，山东省气象事业的成长与时代的变迁、祖国的命运紧密相连。这本《新中国气象事业 70 周年·山东卷》画册选录了 70 年来最具时代印记的图片，将光阴定格在一代代山东气象人牢记使命、风雨兼程的身影，定格在一个个无比平凡又意义非凡的精彩瞬间。

　　朝晖夕阴，气象万千。党的十八大以来，山东省气象事业站在了新的历史起点上。山东省气象局党组加强顶层设计，坚持以"三三三一"十项重点工作为总抓手，着力培育现代农业、海洋、环境气象服务"三大特色领域"，着力攻关智能网格预报技术、卫星雷达等新资料应用、云计算大数据等新技术应用"三项核心技术"，着力厚植综合气象观测业务、县级综合气象业务、人工影响天气业务"三个基础业务"，"一套考核评价体系"得到高度认可，气象综合实力显著增强，气象现代化的目标基本实现。

感怀昨日创业之艰，方能珍惜当下良好发展之机遇。山东省气象事业进入新时代，必须紧紧围绕农业强省、海洋强省、生态山东美丽山东建设和经济社会发展重大战略需求，积极打造现代农业气象、海洋气象、环境气象等特色服务品牌，全力保障乡村振兴、"一带一路"等国家战略实施，更加凸显气象在经济社会全面、协调、可持续发展中的支撑作用，推动新时代山东气象事业实现更大发展。

70 年春风化雨，70 年春华秋实。展望未来，在习近平新时代中国特色社会主义思想指引下，全省气象干部职工将不忘初心、牢记使命，进一步坚定理想信念，增强为民情怀，凝神聚力、开拓创新、扎实工作，努力为全面建成小康社会、建设现代化强省提供优质气象服务，在推进和实现更高水平气象现代化的新征程上，不断谱写新时代山东气象事业高质量发展的壮丽诗篇！

山东省气象局党组书记、局长：史玉光

2019 年 12 月

目 录

峥嵘气象
风雨兼程

7C

1980-1989

2000-2009

1970-1979

1990-1999

2010-2019

领导关怀篇

中国气象局和省委、省政府十分关心山东气象事业发展，多次到山东省气象部门调研指导工作，为推进气象现代化建设，提高天气预报准确率和业务服务能力注入不竭动力。

▲ 1982年3月8日，副省长卢洪（前排右六）出席全省气象工作会议并与会议代表合影

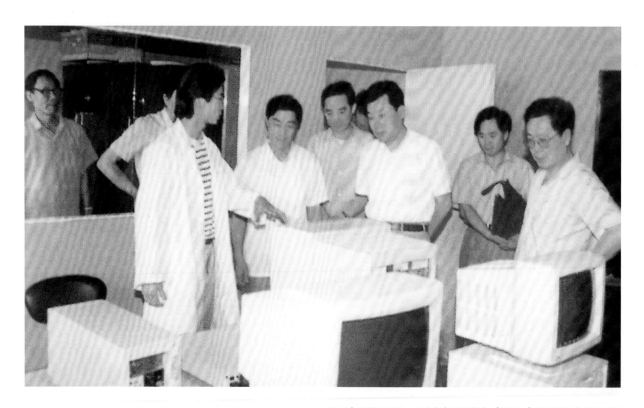

▲ 1991年7月10日，副省长王建功（右三）在省气象局调研

▲ 1993年8月30日，中国气象局局长邹竞蒙（右三）在威海市气象局调研

▲ 1996年11月6日，省委书记、省人大常委会主任赵志浩（右一）在省气象局调研

▲ 1997年6月25日，省人大常委会副主任郭长才（站立右二）、赵林山（站立右一）在省气象局调研

▲ 1997年8月26日，副省长邵桂芳（右二）在济南会见中国气象局副局长马鹤年（右三）

▲ 1997年6月5日，省委副书记陈建国（右三）在省气象局调研

▲ 1997年12月11日，省委副书记、省长李春亭（前排右）
在省气象局调研

▲ 1998年5月7日，中国气象局局长温克刚（右一）在长岛县气象局调研

▲ 1998年8月7日，省委副书记、副省长宋法棠（前排右三）在省气象局调研

▲ 2002年3月8日，省委副书记王修智（右一）
在省气象局调研

▲ 2002年4月25日，中国气象局局长秦大河（中）
在德州市气象局调研

▲ 2005年6月19日，省委副书记、省长韩寓群（左二）在省气象局调研

▲ 2010年8月9日，副省长贾万志（前排左二）带领气象、水利等部门负责人察看聊城市由暴雨引发的灾情

▲ 2010年8月11日，省委书记姜异康（前排左三），省委副书记刘伟（前排左二），省委常委、组织部部长高晓兵（左一）在省气象局检查指导汛期气象服务工作

▲ 2010年12月5日，中国气象局局长郑国光（前排左一）与省长姜大明（前排右一）签署共同推进气象为经济文化强省建设服务合作协议

▲ 2011年2月25日，省委副书记刘伟（前排左二）、济南军区空军政委刘绍亮（前排左一），在省气象局局长史玉光（前排右一）陪同下看望慰问人影作业飞机机组人员和外场作业人员

▲ 2014年1月15日，中国气象局副局长沈晓农（左一）在沂南县气象局调研

▲ 2014年4月28日，中国气象局局长郑国光（左四）在副省长赵润田（左三）陪同下，到济南市气象局调研

▲ 2016年5月13日，省委副书记、省长郭树清（左一），副省长赵润田（左二）听取省气象局局长史玉光关于汛期气候趋势预测情况汇报

▲ 2018年2月7日，中国气象局副局长矫梅燕（前排左一）
在省气象台调研

▲ 2018年5月31日，中国气象局局长刘雅鸣（右一）参观
山东省气象局气象科学发展简史展馆

▲ 2018年5月31日，中国气象局局长刘雅鸣（右一）在省气象台调研

▲ 2018年6月1日，中国气象局局长刘雅鸣（右二）在青岛市气象台调研

▲ 2018年6月10日，中国气象局副局长余勇（中）在省气象台慰问上合组织青岛峰会重大活动气象服务保障工作人员

▲ 2018年7月23日，副省长于国安（前排右二）到省气象台检查指导台风"安比"防御工作

▲ 2018年11月12日,中国气象局副局长宇如聪（左二）在
胶州市气象局调研

▲ 2019年5月28日，中国气象局副局长于新文（右二）在
省气象局调研

现代气象业务篇

　　新中国成立之初，山东省境内气象台站稀少，仪器设备简陋，信息传递手段单一，预报预测能力薄弱。经过 70 年的发展，山东建成门类齐全、覆盖广泛、自动化程度较高的综合气象观测系统，以数值预报为核心的气象预报预测业务系统，以宽带网、云计算、大数据为依托的现代气象信息网络系统，以及以"智慧保障"为特点的现代气象技术装备保障业务系统，为山东气象事业发展奠定了坚实基础。

综合气象观测

　　新中国成立之初，山东省境内仅有几个气象台站，仪器设备简陋，规格型号混杂，可靠性差。经过70年的发展，全省现有 123 个国家级地面气象观测站，1499 个区域地面气象观测站，8 部新一代天气雷达，5 部数字化天气雷达，10 部风廓线雷达，3 部 L 波段探空雷达，2 个卫星省级接收站，90 个 GNSS/MET 站，304 个农业气象观测站，100 个海洋气象观测站，58 个生态气象观测站，16 部移动气象台，13 个雷电监测站，在石岛建成了国家空间天气观测站，形成布局合理、运行稳定、质量可靠、自动化程度较高的综合气象观测网。

▶ 台站变迁

▶ 山东全境解放时气象台站

　　1949 年 8 月，山东全境解放，全省气象台站总数不足 10 个，工作人员仅 30 余人，分属军队和地方政府管理，仪器设备简陋，观测规范不统一。

　　▲　1948年11月（此时济南解放刚3个月），省政府实业厅设立山东省气象观测所，站址在济南东北郊桑园山东省立农学院院内。图左为1950年山东省立农学院气象专修科一班同学毕业合影（照片由山东农业大学校史馆提供），图右为山东省气象观测所编制的1949年济南气象年报

▲ 1946年，莒县解放，解放区政府重建莒县测候所（该所始建于1931年3月），1948年称"鲁中南行署莒县农业实验场测候所"，期间只有1名观测员。图为1961年莒县气象服务站观测场

▲ 1949年6月2日，青岛解放，青岛市观象台由解放军军管会接管。图为1950年，五星红旗在青岛市观象台迎风飘扬

▶ **气象部门由军队建制转为政府建制初期的气象台站**

为适应国防建设和经济建设的需要，1953 年 10 月，山东军区司令部气象科及烟台、临沂等 9 个气象站由军队建制转为政府建制。转建之后，气象部门通过新建、接管等方式，特别是接管省农林系统 1952 年建设的 117 个气候站的大部分，至 1958 年，全省气象部门所属气象台站总数达到 107 个，较解放初增长 9 倍多。

▲ 1953年10月，省政府设立菏泽气象站。图为1956年菏泽气象站全貌

▲ 1960年，滨州气象站观测员正在观测降水

▲ 1960年3月，梁山县气象站全体同志开展集体观测

▶ 山东特色气象站

青岛观象台：中国气象学会诞生地

▲ 青岛观象台始建于1898年3月1日。1924年10月10日，中国气象学会在青岛观象台成立。1949年6月，青岛解放时由中国人民解放军青岛军管会接管。1950年3月，改由华东空军司令部气象处领导；同年10月划归海军青岛基地管辖，称"中国人民解放军海军青岛基地气象台"

▲ 青岛观象台气象观测场旧照

▲ 青岛观象台历史优秀建筑标识牌

泰山国家基准气候站：中国第一个永久性高山气象站

▲ 泰山国家基准气候站始建于 1932 年 8 月 1 日，由竺可桢选址、蔡元培题写奠基纪念碑，时称"国立中央研究院日观峰气象台"。1937 年 12 月，因日寇迫近泰安而被迫停止工作。1953 年 10 月 1 日，华东军区气象处在原址重建泰山气象站，经过近 70 年的发展，已成为集地面观测、雷达观测、大气成分观测、航空气象观测于一体的综合性高山气象站

▲ 泰山国家基准气候站
（日观峰气象台）大门

▲ 1935年6月26日，蔡元培为日
观峰气象台题写的奠基纪念碑

成山头国家基准气候站：中国大陆最早看到海上日出的气象站

▲ 成山头国家基准气候站始建于1952年12月1日，二类艰苦台站，位于山东半岛最东端的
成山角（东经122° 42′），是中国大陆最早看到海上日出的气象站

成山头国家基准气候站全貌

长岛国家基本气象站：山东唯一的海岛气象站

▲ 长岛国家基本气象站始建于1958年11月1日，四类艰苦台站。2019年1月，长岛国家气候观象台获得中国气象局批准，承担环渤海陆-海-气综合观测区气候系统多圈层及其相互作用长期、连续、立体的综合观测任务，并承担气候系统资料分析及研究评估服务。图为长岛海洋气象综合观测基地

▲ 长岛国家基本气象站观测场及业务办公楼

▶ 山东首批"中国百年气象站"

2019 年 5 月 30 日，中国气象局公布首批"中国百年气象站"，山东共 24 个国家气象观测站获得认定，其中青岛国家基本气象站获得百年认定，泰山国家基准气候站获得 75 年认定，昌乐等 22 个国家气象观测站获得 50 年认定。

山东首批"中国百年气象站"名录 中国气象局2018年5月30日公布（中气函〔2018〕106号）（共24个）			
一、百年认定			
气象站名称	建站时间		
青岛国家基本气象站	1898		
二、七十五年认定			
气象站名称	建站时间		
泰山国家基准气候站	1932		
三、五十年认定			
气象站名称	建站时间	气象站名称	建站时间
昌乐国家气象观测站	1958	平邑国家气象观测站	1957
昌邑国家气象观测站	1959	平阴国家气象观测站	1960
定陶国家基本气象站	1963	平原国家气象观测站	1959
东平国家气象观测站	1957	栖霞国家气象观测站	1959
冠县国家气象观测站	1957	庆云国家气象观测站	1966
济阳国家气象观测站	1962	成山头国家基准气候站	1951
巨野国家气象观测站	1957	长岛国家基本气象站	1958
莱西国家气象观测站	1964	汶上国家气象观测站	1959
崂山国家气象观测站	1948	新泰国家气象观测站	1957
临沭国家气象观测站	1962	沂水国家气象观测站	1959
宁津国家气象观测站	1957	鱼台国家气象观测站	1967

1	2
3	4
	5

1. 青岛国家基本气象站（1898年建站）

2. 东平国家基本气象站（1957年建站）

3. 2018年2月7日，中国气象局副局长
   矫梅燕（左二）、山东省气象局局长
   史玉光（左一）、青岛市副市长朱培
   吉（左三）、青岛市气象局局长顾润
   源（左四）为青岛百年气象站授牌

4. 冠县国家气象观测站（1957年建站）

5. 崂山国家气象观测站（1948年建站）

▶ 地面气象观测网

　　全省现有国家级地面气象观测站 123 个，区域地面气象观测站 1499 个，台站数量较新中国成立之初的不足 10 个增长了 160 多倍。2018 年 11 月，山东省实施国家级地面气象观测站自动化改革试点，全省地面气象观测自动化迈上新台阶。

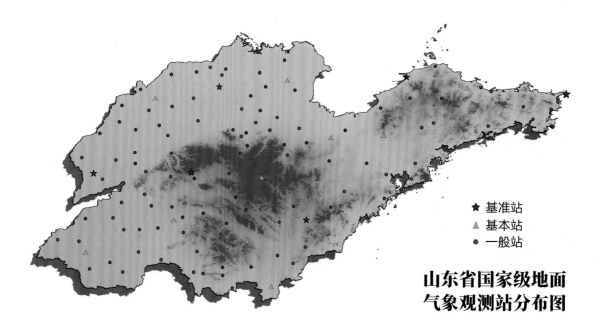

★ 基准站
▲ 基本站
● 一般站

山东省国家级地面气象观测站分布图

➡ 国家级地面气象观测站123个

国家基准气候站6个

国家基准气候站是根据国家气候区划和全球气候观测系统要求设置的气候观测站。图为龙口国家基准气候站

国家基本气象站17个

国家基本气象站是根据全国气候分析和天气预报需要设置的地面气象观测站。图为定陶国家基本气象站

国家气象观测站100个

国家气象观测站是以常规地面气象要素观测为主的地面（海洋）气象观测站。图为博山国家气象观测站

▶ 国家级地面气象观测自动化改革

　　2018 年 11 月—2019 年 6 月，山东作为全国 7 个试点省之一，开展了国家级地面气象观测站（简称国家站）自动化观测改革试点工作，通过配备自动观测设备以及应用卫星遥感、多源数据自动综合判识、智能图像识别等技术，实现国家级地面气象观测站自动化观测。

1	2
3	4
5	

1. 2014年12月，完成国家站能见度仪安装，实现能见度观测自动化

2. 2015年12月，完成新型自动气象站换装，实现自动气象站单轨运行

3. 2015年12月，完成称重式降水传感器安装，实现固态降水观测自动化

4. 2017年6月，完成降水现象仪安装，实现降水观测自动化

5. 2018年11月，完成光电式数字日照计安装，实现日照观测自动化

▶ 区域地面气象观测站1499个

      区域地面气象观测站（简称区域站）是根据中小尺度灾害性天气监测预报预警服务和当地经济社会发展需要，在乡镇及以下或具有代表性的特殊地理位置加密建设的、以常规地面气象要素观测为主的无人值守气象观测站。山东省区域站网密度达到了间距 10 千米、乡镇全覆盖，并有 298 个站纳入国家地面气象站网。

▲ 青岛世园会区域地面气象观测站

▲ 泰安东湖公园区域地面气象观测站

▲ 烟台莱山区盛泉工业园区域
地面气象观测站

▲ 日照奥林匹克水上运动公园区
域地面气象观测站

▶ 天气雷达网

▶ 模拟天气雷达监测网

1972 年 7 月，第 03 号台风登陆山东半岛后北上造成重大经济损失，周恩来总理批示要加强天气预报和雷达布局研究。为弥补北上台风监测空白，中央气象局决定在石岛部署防台风警戒雷达。1974 年 1 月，石岛 703 型防台风警戒雷达（右图）投入业务运行，是山东第一部天气雷达

1975 年，山东省第一批 711 型测雨雷达相继在山东省气象台、省气象局科研所、临沂市气象台建成。1983 年，泰山 713 型测雨天气雷达建成。至 1986 年，全省形成由 1 部 713 型、12 部 711 型、1 部 703 型雷达组成的模拟天气雷达监测网。图为滨州 711 型测雨雷达天线

1. 1983年10月，山东省海拔最高的天气雷达站——泰山713型测雨雷达站建成。挑山工抬着重达1.5吨的雷达天线登上泰山最陡峭的十八盘，经过南天门到达泰山顶上的泰山气象站

2. 图为数吨重的雷达组件全部由人工用机械铰链吊装到三层楼高的雷达基座上

3. 泰山713型测雨雷达海拔高度1550米，最大有效探测半径达400千米，覆盖山东大部。图为泰山713型测雨雷达主控操作台

1	1
2	3

▶ 数字化天气雷达监测网

　　1993 年 9 月，山东省第一部数字化天气雷达——东营 713 型天气雷达建成，此后，泰山等模拟雷达相继进行了数字化改造，部分雷达进行了升级换代。2006 年，东营 713 型天气雷达升级换型为 714CD 型。目前全省有东营、菏泽、聊城、莱芜、淄博 5 部数字化天气雷达正在业务运行。

▲ 东营714CD型数字化天气雷达

▲ 菏泽713C型数字化大气雷达　　　▲ 莱芜713C型数字化天气雷达

▶ 新一代天气雷达观测网

2000 年 7 月 18 日，全国地市级第一部、也是全国首部国产 S 波段新一代天气雷达在滨州建成。经过近 20 年的发展，目前山东有济南、青岛、烟台、滨州、临沂、泰山、潍坊、威海 8 部新一代天气雷达正在业务运行，组成了全省新一代天气雷达观测网。

全国地市级第一部国产新一代天气雷达在滨州落成

▲ 2000年7月18日，全国地市级第一部、全国首部国产S波段新一代天气雷达在滨州建成（上图左），中国气象局局长温克刚（上图右前排）在落成仪式上讲话，省政府副省长陈延明（上图右后排右二）出席落成仪式

山东省新一代天气雷达概览

▲ 2015年，升级换型后的滨州新一代天气雷达在黄河三角洲气象保障中心投入运行

▲ 2015年，潍坊新一代天气雷达投入运行

◀ 2004年，青岛新一代天气雷达投入运行（左）

◀ 2017年，升级换型后的临沂新一代天气雷达投入运行（中）

◀ 2019年，升级换型后的济南新一代天气雷达投入运行，为我国北方首部S波段双偏振天气雷达（右）

▲ 2004年，烟台新一代天气雷达投入运行

▲ 2006年，泰山新一代天气雷达投入运行

▲ 2015年，荣成新一代天气雷达投入运行

▶ 风廓线雷达观测网

2007 年 7 月，山东省第一部风廓线雷达在青岛建成，目前已形成由 7 部固定式风廓线雷达组成的观测网，实现对风向、风速等气象要素的垂直探测。

▲ 青岛SCRTWP-01 型对流层风廓线雷达

▲ 蓬莱CLC-11-D型固定式边界层风廓线雷达

▲ 平阴CLC-11-F型固定式对流层风廓线雷达

▲ 章丘CLC-11-D型固定式边界层风廓线雷达

东营CLC-11-D型固定式边界 ▶
层风廓线雷达

潍坊CLC-11-F型固定式对流 ▶
层风廓线雷达

聊城CLC-11-D型固定式边界 ▶
层风廓线雷达

▶ 高空气象观测网

　　1954 年 1 月，海军青岛观象台恢复高空气象观测，成为新中国山东高空气象观测业务的开端。1955 年 9 月，山东省气象台开展高空气象观测。此后，菏泽、烟台、临沂、沂源、龙口、威海、成山头等地根据工作需要相继开展探空或测风业务。1960 年 1 月，全省共有 2 个探空站、5 个测风站，达到高空气象观测站数量的顶峰。历经多次调整，全省现有章丘、青岛、荣成 3 个国家高空气象观测站，使用 L 波段雷达探空系统每天定时开展探空和测风业务。

▶▶ 高空气象观测业务发展历程

1. 1960年前后，气象工作人员施放探空气球

2. 1960年前后，气象工作人员正在制备氢气

3. 1978年建成的成山头701型测风雷达天线

4. 1978年建成的成山头701型测风雷达操控台

1	2
3	4

▶ 国家高空气象观测站网

▲ 章丘国家高空气象观测站L波段雷达探空系统

▲ 荣成国家高空气象观测站L波段雷达探空系统及探空自动放球系统

▲ 青岛国家高空气象观测站L波段雷达探空系统

▶ 卫星遥感监测

　　1989 年，省气象台开始开展作物长势、森林火点等卫星遥感监测业务，省政府拨专款建设了美国NOAA极轨卫星遥感资料接收处理系统。经过30年的发展，已建成极轨气象卫星、静止气象卫星等多轨道卫星数据接收处理系统，实现"十米级"和"分钟级"监测服务能力。

▲ 2018年，风云三号极轨气象卫星省级利用站（新泰）投入运行

▲ 2018年，风云四号静止气象卫星省级利用站（平阴）投入运行

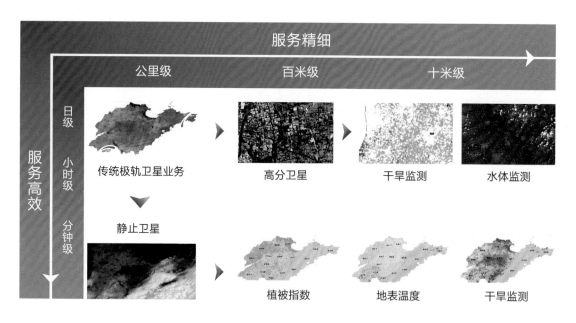

▲ 综合应用极轨卫星、静止卫星、高分卫星资料，在作物长势、农田墒情、森林火点监测等方面具备"十米级"和"分钟级"服务能力

雾霾空间分布卫星遥感监测图

2019年01月13日 12:55(北京时)

图例 省界　优　良　轻度污染　中度污染　重度污染　严重污染

0　87.5　175　262.5　350千米

制作单位：山东省气候中心

2019年1月13日，利用FY-3D ▶ 极轨气象卫星制作的雾霾空间分布卫星遥感监测图

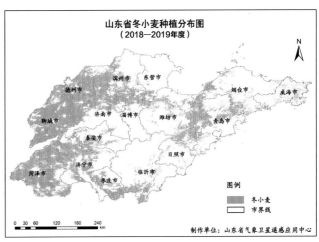

山东省冬小麦种植分布图
（2018—2019年度）

德州市　滨州市　东营市　烟台市　威海市　聊城市　济南市　淄博市　潍坊市　青岛市　泰安市　日照市　菏泽市　济宁市　临沂市　枣庄市

图例　冬小麦　市界线

0　30　60　120　180　240 km

制作单位：山东省气象卫星遥感应用中心

2019年，利用高分1号16米卫 ▶ 星数据制作的全省冬小麦种植区域分布图

KH-8卫星遥感监测疑似火点图像

2018年4月17日17时40分

山东发现疑似火点！

山东省气候中心

2018年4月17日，利用葵花8 ▶ 号卫星监测的疑似森林火点

卫星遥感地面校准

　　建立卫星遥感地面校准样方 9 个，涵盖小麦、玉米、棉花、苹果等多种作物。多年来，省气候中心利用无人机、热红外成像仪、叶面积指数仪等先进观测设备，开展天空地一体化观测和验证，优化完善校准算法模型。

▲ 2009年，在德州卫星遥感地面校准样方点开展棉田光谱观测

▲ 2016年，在齐河卫星遥感地面校准样方点开展冬小麦叶面积指数观测

GNSS/MET水汽观测网

　　2006 年，山东气象部门第一部 GPS/MET 水汽观测系统（基于全球卫星定位系统的水汽观测系统）在莘县建成，其后升级为 GNSS/MET 水汽观测系统（基于全球导航卫星系统的水汽监测系统）。目前全省已建成由 90 个 GNSS/MET 组成的水汽观测网。

▲ 山东GNSS/MET分布图

▲ GNSS/MET水汽观测站

▶ 现代农业气象观测网

▶ 农业气象观测网

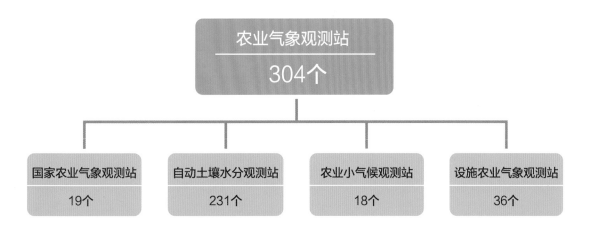

▲ 沾化冬枣小气候自动观测站   ▲ 昌乐庵上湖设施农业气象观测站

▲ 威海张村镇蟠桃设施农业气象观测站   ▲ 潍坊大樱桃小气候自动观测站

▶▶ 土壤水分观测

　　土壤水分观测又称农田墒情观测，俗称"测墒"，是农业气象观测的重要组成部分。1955年起，省内 100 多个国家气象（候）观测站全部开展了土壤水分观测业务，均采用大田取土、烘箱烘干的方式测墒。

1	2
	3

1. 2004年11月，山东第一批共4个自动土壤水分观测站在泰安、莱阳、惠民、菏泽建成

2. 农气业务人员使用便携式土壤水分监测仪开展农田墒情普查

3. 2018年8月，泰安建成宇宙射线土壤水分观测系统（COSMOS）

▶ 农作物和物候观测网

▲ 1955年，省内国家气象（候）站开始进行小麦、玉米、棉花等主要农作物、动物和果树的物候观测。目前，全省共有国家一级农业气象观测站17个、国家二级农业气象观测站2个，其中包含国家农业气象试验站1个

1	2
3	

1. 玉米拔节期生长量测定

2. 烟台苹果生长期观测

3. 齐河粮食生产功能区小麦长势自动观测站

▶ 海洋气象观测网

　　山东是海洋大省，海岸线占全国的六分之一，全国第一艘海洋气象观测艇、第一个海洋浮标自动气象观测站均是在山东建成，形成了由陆地到海洋、由固定到移动等多种观测设施组成的海洋气象观测站网。

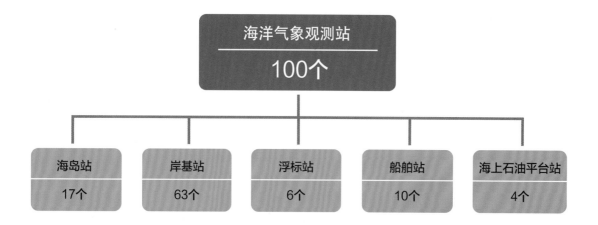

烟台小型海洋浮标气象观测站

青岛大型海洋浮标气象观测站

潍坊小型海洋浮标气象观测站

威海刘公岛海岛气象观测站

青岛海洋气象观测艇

日照小型海洋浮标气象观测站

威海海岸自动能见度仪

东营海上石油平台气象站

东营CB32石油平台气象站

山东省海洋气象观测的"全国第一"

▲ 2004年6月，全国第一艘气象艇在青岛下水，为2008年奥运会帆船比赛气象服务提供数据支撑

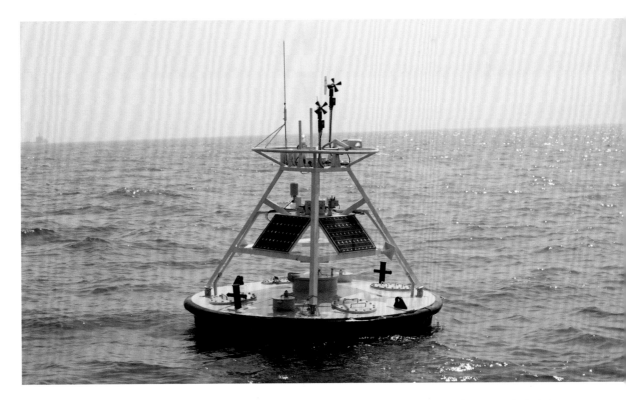

▲ 2007年7月30日，全国气象部门第一个海洋气象浮标站（直径3米）在青岛建成，为奥帆赛场提供海面气压、气温、风向、风速、海浪、海温等气象要素观测，实现了中国地基气象观测由陆地向海洋的拓展

▶ 环境气象观测网

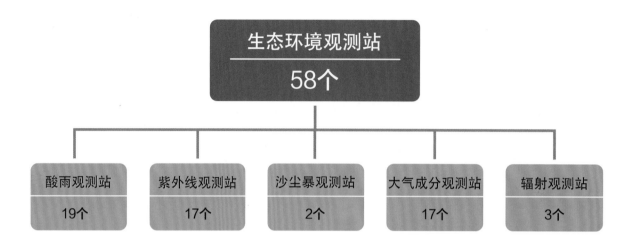

```
            生态环境观测站
               58个

  酸雨观测站   紫外线观测站   沙尘暴观测站   大气成分观测站   辐射观测站
    19个        17个          2个           17个           3个
```

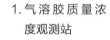

1	2
3	4
5	6

1. 气溶胶质量浓度观测站

2. 沙尘暴观测站

3. 酸雨观测

4. 泰山大气成分观测方仓

5. 紫外线观测站

6. 辐射观测站

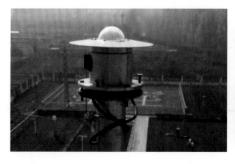

▶ 移动气象观测

移动气象观测的雏形可见于手持风向风速计的应用，随着科学技术的进步，山东省移动式气象观测业务经历了手持观测设备、移动气象观测站、车载雷达、移动气象台等发展阶段，全省已建成移动气象台16部。

▶▶ 小型便携移动气象观测站

1	2
3	4
5	6
7	8

1. 2018年6月28日，泗水县气象局参加全县突发安全事故应急救援演练时架设移动气象站

2. 2018年4月，济南市章丘区气象局在区危化企业救援演练现场架设移动气象站

3. 2016年7月，烟台市气象局技术人员开展移动气象观测

4. 2009年9月17日，济宁市气象局参加第十一届全运会应急演练架设移动气象站

5. 2008年，青岛市气象局技术人员通过移动气象站为青岛奥帆赛提供气象保障观测

6. 2006年7月6日，省气象局技术人员在黄河防汛抢险演练现场架设移动气象站观测

7. 20世纪70年代，烟台市流动气象站使用便携式风向风速仪观测

8. 20世纪70年代，费县气象局使用便携式风向风速仪观测

▶▶ 气象应急移动系统

　　自2002年山东省气象局建成第一部移动气象台之后，全省共建成移动气象台16部，移动风廓线雷达、激光脉冲雷达、测雨雷达等共5部。

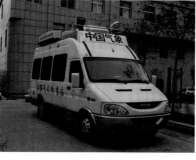

1	2
3	4
5	6

1. 2008年11月10日，省气象局移动气象台参加全省防灾应急演练

2. 2007年，滨州市气象局建成应急移动气象台

3. 2014年5月16日，东营市移动气象台参加全市化工应急演练

4. 2014年6月9日，潍坊市移动气象台参加寿光某企业料场雷击起火扑救应急保障

5. 2008年，青岛市CFL-03A-YD移动式边界层风廓线雷达投入奥帆赛气象保障服务

6. 2008年，临沂市气象局建成集风廓线雷达、微脉冲偏振激光雷达于一体的移动气象台

▶ 雷电观测网

1996年，青岛市气象局从中国科学院引进的单站闪电定位系统投入使用，是山东闪电定位观测业务的开端。2003年6月，青岛市气象局建成由4个站组成的闪电观测网 ▶

1997年，省人工降雨办公室安装中国电波传输研究所的单站雷电探测系统。2006年，省气象局建成由13部闪电定位仪组成的全省雷电观测网，并于2014年重新建设升级 ▶

2016年7月，泰安建成由5部大气电场仪组成的泰安大气电场监测网 ▶

▶ 交通气象观测网

1. 青岛胶州湾跨海大桥交通气象站

2. 济青高速公路青岛段交通气象站

3. 京沪高速公路新汶段交通气象站

4. 京福高速公路泰安段交通气象站

5. 烟威高速公路烟台段交通气象站

	1	2	3
	4	5	

▶ 风能观测网

　　山东省沿海风能资源丰富,省气象局于2010年建成山东风能资源专业观测网,其中70米观测塔17座,100米观测塔2座。

▲ 2005年7月,潍坊建成国内首个无线数据传输自动观测梯度风塔(70米)

▲ 2011年7月,滨州市气象局
维护沿海风能观测塔

▲ 2010年9月,省气象台召开风电场
风电功率预报服务技术交流会

▶ 空间天气观测

石岛国家空间天气观测站是全国气象部门首个用于空间天气业务监测的太阳综合观测站，始建于 2009 年，拥有太阳光球色球望远镜、太阳射电望远镜、短波无源接收站等观测设备，观测数据为载人航天、卫星发射、空间站建设等提供气象保障。

▶▶ 太阳光球色球望远镜

▲ 2009年7月，我国气象部门第一台太阳光球色球望远镜在石岛吊装成功

▲ 石岛太阳光球色球观测系统双筒望远镜

▶ 太阳射电望远镜

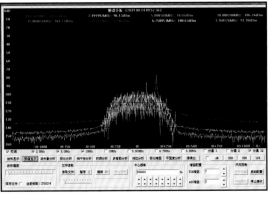

1. 2011年5月，我国气象部门第一台太阳射电望远镜在石岛气象台吊装成功。射电望远系统可以长期连续跟踪观测太阳射电流量

2. 2015年4月，短波无源接收站建成。该站可开展电离层空间环境的实时监测和分析，为通信、导航、航天与航空飞行安全、海洋运输及捕捞业等提供服务。左图为短波无源接收站室外方形天线，右图为监测实况信息

1	
2	2

气象预报预测

气象预报预测是现代气象业务的核心组成部分。1950 年 3 月，海军青岛观象台恢复天气预报业务，为山东省天气预报业务的开端。1954 年 4 月，山东气象部门由军队建制转为政府建制仅 6 个月，省气象台开始制作全省短期天气预报。经过 70 年的发展，全省现有各类预报业务单位 124 个，建立了以数值预报产品为基础，以气象信息综合分析处理系统（MICAPS）、山东省气象业务一体化系统等为工作平台，综合分析卫星、雷达、自动站等各种观测资料，应用多种客观预报技术方法，制作各时效预报服务产品的现代气象预报业务体系，并大力推进智能网格预报业务，气象预报预测业务正向无缝隙、精细化、智慧型方向发展。

▶ 气象预报预测业务发展历程

▶ 天气预报业务开端

1950 年 3 月，海军青岛观象台恢复天气预报业务，为新中国山东天气预报业务的开端。1953 年 3 月，为保障近海渔业发展和海上安全生产，隶属于军队建制的石岛气象站、烟台气象台相继开始制作短期天气预报。

▶ 山东天气预报业务的转折

1954 年 4 月，山东气象部门由军队建制转为政府建制仅 6 个月，省气象台开始制作全省短期天气预报。

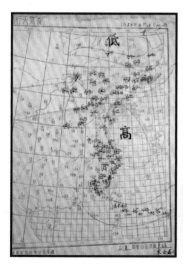 

1 | 2

1. 1953年3月18日，石岛气象站绘制的天气图

2. 1959年，济南市气象台预报员工作情形

▶ 山东天气预报业务体系基本建立

　　1958 年，省一市一县三级天气预报业务体系基本建立。在省、专区（市）设气象台，负责省、专区(市)行政区域内的天气预报；县级由县气象(候)站负责本县行政区域内的补充订正预报。同时，建立逐级预报技术指导体系，每天开展天气会商。2013 年，各县级气象局全部设立气象台，形成由省一市一县三级气象台构成的预报业务体系。

1	1	1
	2	
	3	

1. 1958年前后，县气象（候）站开始制作补充预报。图为1960年全国开展单站补充预报技术总结和张贴画

2. 20世纪80年代，省气象台预报员正在会商天气

3. 1998年，潍坊市气象台预报员正在会商天气

▶ 气象预报预测技术发展历程

➡ 分析方法：由天气图分析到以数值天气预报为基础的综合分析

▲ 1986年，青岛市气象台预报员正在以天气图法为主分析预报天气

▲ 2019 年，省气象台预报员综合分析卫星、雷达、自动站等各种
观测资料，应用多种客观预报技术方法分析预报天气

▶ 分析工具：由纸质天气图到MICAPS人机交互处理系统

◀ 2002 年以前，预报员分析预报天气主要依靠纸质天气图、传真图

▼ 2002 年 以 后，预 报 员 从 MICAPS 系统调阅各类天气图、传真图、实况资料等

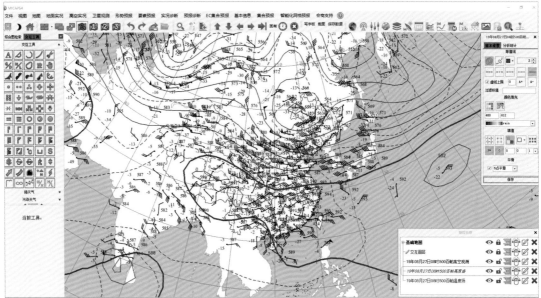

▶ 装备：由人工监视天气到卫星、雷达等现代化设备全天候监视天气

▲ 初期主要靠人工监视天气，1974年以后，逐步通过卫星、雷达、自动气象站监视天气

▶ 山东省气象预报预测业务单位概览

▶▶ 山东省气象台

◀ 山东省气象台承担全省短时临近、短期天气预报预警业务。图为 2017 年 6 月改造后的山东省气象台业务平面,实现了各类气象业务全展示,预报会商交流更顺畅,数据维护更方便

◀ 图为改造后的山东省气象台预报会商区

▶▶ 山东省气候中心

◀ 山东省气候中心承担全省中期、延伸期天气预报和月、季、年气候预测业务。图为山东省气候中心业务平面

▶ 市级气象台16个（仅列部分）

济南市气象台

青岛市气象台

泰安市气象台

烟台市气象台

德州市气象台

菏泽市气象台

▶ 县级气象台106个（仅列部分）

峄城区气象台

乳山市气象台

沂源县气象台

昌乐县气象台

▶ "从无到有"建成山东省智能网格预报业务体系

"智能网格预报技术"是山东气象现代化"三三三一"10 项重点工作中"三项核心技术"之一,通过建立全省未来 0~10 天逐 3 小时、空间分辨率 5 千米的智能网格预报产品体系,13 类要素每天 08、20 时定时更新。经检验,网格预报晴雨、最高和最低气温质量均高于过去 5 年站点预报质量。

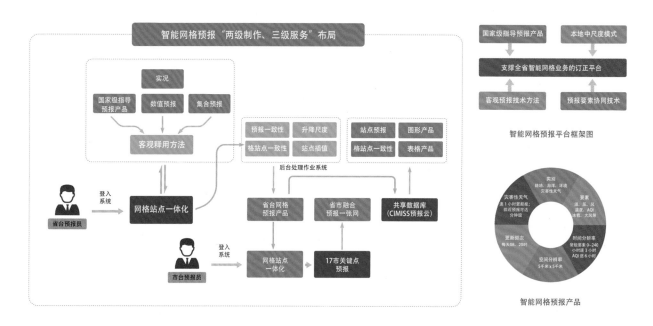

▲ 山东智能网格预报业务"两级制作、三级服务"业务布局及格点预报产品

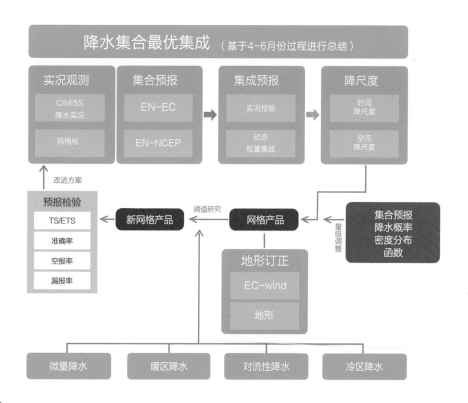

◀ 基于集合预报的降水最优集成客观预报技术方法投入业务运行,代表山东省参加全国第一届客观预报技术方法大赛

山东2019-04-19—2019-05-19 08、20时次起报≤2℃准确率

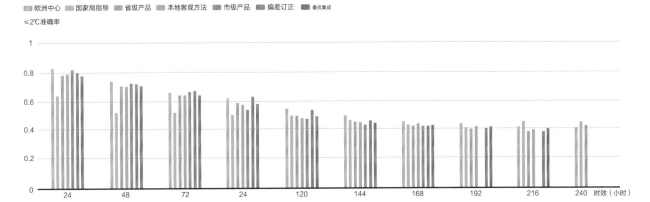

■欧洲中心 ■国家局指导 ■省级产品 ■本地客观方法 ■市级产品 ■偏差订正 ■最优集成

▲ 气温、降水、强对流、雾霾等十多种客观预报技术方法
投入业务运行，成为智能网格预报业务的重要支撑

▶ 依托大数据、云计算，建设山东省气象业务一体化平台

▲ 山东省气象业务一体化平台基于 CIMISS 系统研发，GIS 精确到乡镇，集成天气实况、短临预报、网格
预报、业务管理、一键式发布等预报业务服务常用模块，具备山洪中小河流风险预警产品自动生成、短
临天气自动报警等智能化功能，是省、市、县三级气象部门预报制作、发布和管理的现代化支撑

▲ 预报技术集成：雷达拼图、基于雷达的灾害
性天气自动识别报警、各类客观预报技术等

▲ 短临预报集成：基于自动站、雷达和闪电数据，可
自主配置阈值实现各类灾害性天气的自动报警提示

▲ 天气实况集成：模块通过内存数据库和
GIS 平台建设，提供自动站、雷达拼图、
卫星等观测资料的快速查询与显示

▲ 一键式发布：基于格点的任意点天气预报产
品生产，实现各类预警信号的快速制作和邮
件、传真、FTP、预警发布系统等一键发布

▶ 山东中尺度数值预报模式系统

　　2002 年 12 月，山东第一个中尺度数值预报模式系统 MM5 模式依托 DELL 单机服务器开始
运行，经过近 20 年的发展，山东中尺度数值预报模式系统的计算能力由 2005 年的每秒 0.185
万亿次提升到每秒 300 万亿次，格点要素预报实现 3 千米同化、1 千米降尺度，中尺度数值预报
的精细化和准确率不断提高。

▶ 山东区域中尺度数值预报模式系统2002—2019年发展年表

年份	模式	水平分辨率	计算设备
2002年12月	MM 5	54 / 18 km	Dell 单机服务器
2005年05月	MM 5 高分辨率	54 / 18 / 6 km	浪潮天梭 10000 高性能计算机 峰值计算能力 1850 亿次
2009年07月	3 小时快速更新循环预报系统	36 / 12 / 4 km	浪潮天梭 10000 高性能计算机 峰值计算能力 2 万亿次
2012年10月	WRF 集合预报系统	集合 12 km 确定性预报 12 / 4 km	济南超算中心高性能计算机
2013年10月	逐时更新循环预报试验系统	27 / 9 km	两台曙光八路计算服务器 峰值计算能力 2 万亿次
2015年07月	逐时更新循环预报业务系统	27 / 9 / 3 km 局地 1 km 试验	
2016年05月	吸启动短期预报系统	27 / 9 / 3 km 鲁中 1 km 试验	
2016年04月	WRF 集合预报系统	12 / 4 km	2015 年 27 万亿次 2018 年 35 万亿次 预计 2019 年达到约 300 万亿次
2017年02月	逐半小时更新循环预报系统	27 / 9 / 3 km	
2018年12月	格点实况同化融合分析试验系统	同化 3 km、1 km 物理降尺度	

▶ 建设新一代高性能集群，峰值计算能力提升至每秒300万亿次

　　2019 年，省气象科研所部署曙光高性能集群，峰值计算能力达到每秒 300 万亿次，较
2005 年部署的浪潮天梭 10000 高性能集群（每秒 0.185 万亿次）提升 1500 倍。（上图右为部
署在山东省气象科学研究所的曙光高性能集群）

▶▶ 研发气温智能网格偏差订正和最优集成预报系统

2018 年以来,研发气温智能网格偏差订正和最优集成预报系统并投入业务试运行,2019 年 1—5 月最高气温和最低气温预报显示准确率显著高于其他模式。

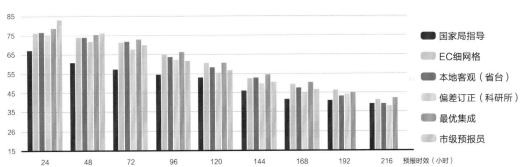

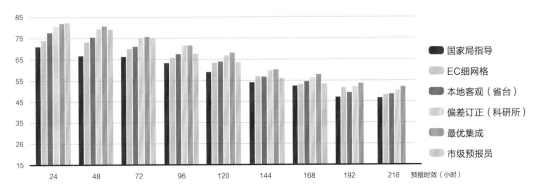

▶▶ 从无到有建立了地面、雷达数据质控技术

▲ 实现雷达质控孤立点滤波、去距离折叠模糊等质量控制,质控后返回 SA 格式雷达基数据。以山东 1000 多个地面自动站 2017 年数据为基础,开展了地面资料质控算法试验

▶ 卫星、雷达等新资料应用

"卫星、雷达等新资料应用"是山东省气象现代化"三三三一"10 项重点工作之一，目前已实现 7 类新资料在灾害性天气机理研究、短时临近预报、人影作业、生态服务和数值模式同化中的应用。

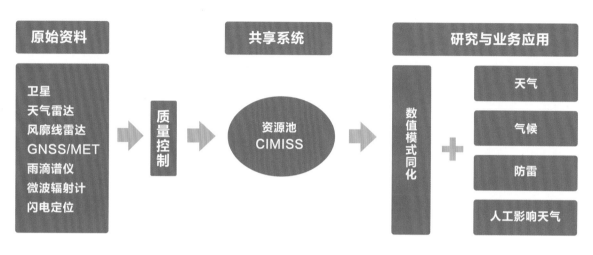

山东省新资料应用体系框架图

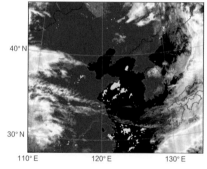

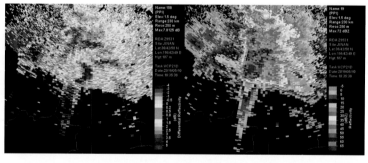

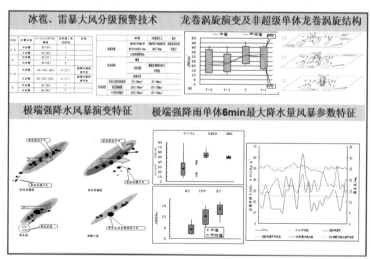

$\dfrac{1 \mid 2}{3}$

1. 葵花 8 卫星海雾识别技术

2. 济南、青岛双偏振雷达识别山东冰雹

3. 冰雹、雷暴大风、龙卷、极端强降水预报技术

▶ 气候预测

▶ 整合自主研发的7类气候业务系统，建立山东省现代气候业务平台

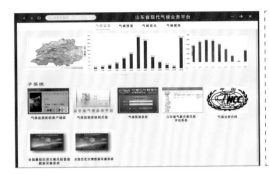

□ **自主研发的业务系统**
（1）山东省气候监测诊断业务系统
（2）山东省短期气候预测业务系统
（3）山东省气候影响评价业务系统
（4）山东省气候变化业务系统
（5）山东省气象灾害风险评估业务系统
（6）山东省太阳能资源业务系统
（7）重大工程气候可行性论证业务系统

▶ 建立省级格点化延伸期预测业务

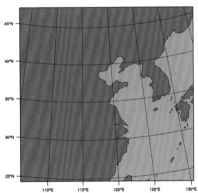

▲ 基于 CFSv2 气候模式产品驱动 WRF，研发动力降尺度预报方法，空间分辨率达到 30 千米，时间尺度达到 11~30 天，提升了强降水、强降温和高温等重要天气过程的预报能力，在上合组织青岛峰会等系列重大活动保障中发挥了重要作用

▶ 气候业务领域不断拓宽

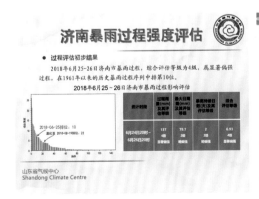

建立暴雨过程单站综合强度评估模型和区域等级指标，研发卫星遥感反演技术，建立近海风场气候数据集

▶ 气象预报预测产品

经过 70 年的发展，山东气象预报预测产品不断丰富，由初期只能制作短期天气预报，逐步发展到可以制作中期、延伸期和月、季、年等气候预测；由主要制作为党政领导、农业、海洋、社会公众服务的天气预报，发展到制作包括环境、林业、地质、盐业、交通等全行业的专项天气预报，形成了比较完善的气象预报预测产品体系。

—— 按预报时效划分气象预报预测产品 ——

短时临近天气预报	0~12 小时
短期天气预报	1~3 天
中期天气预报	4~10 天
延伸期天气预报	11~30 天
气候预测	月、季、年、汛期等

—— 按服务对象划分气象预报预测产品 ——

决策天气预报服务产品		重要天气预报、灾害性天气警报、重大活动保障天气预报、突发事件应急保障等天气预报服务产品
公众天气预报服务产品		12~72 小时短期天气预报；灾害性天气警报；节假日、中高考等关键期天气预报服务产品
专业专项天气预报服务产品	农业类	大田作物播种期、收获期、晾晒期预报；设施农业天气预报；干热风、倒春寒、冰雹、大风等农业气象灾害预报服务产品
	海洋类	海上大风、大雾、强对流等天气预报服务产品
	林业类	森林火险气象等级预报服务产品
	生态环境类	空气污染气象条件等级预报服务产品
	地质灾害类	地质灾害风险气象等级预报服务产品

▶ 气象预报预测准确率不断提高

经过 70 年的发展，山东省气象预报预测制作实现了由主观到客观、由定性到定量的转变，24 小时晴雨预报准确率达 90% 以上，气温预报准确率达 80% 以上，突发灾害性天气预警时效提前至 20 分钟以上。

▶▶ 天气预报准确率逐步提高

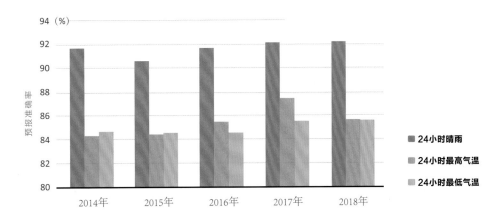

▶▶ 气候预测准确率逐年线性上升

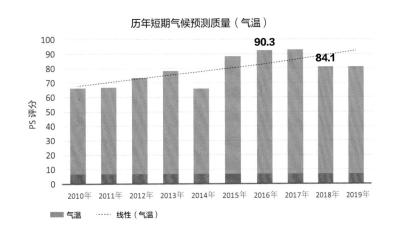

◀ 2010—2019 年月气温预测评分线性上升

◀ 2010—2019 年月降水预测评分逐年线性上升

气象信息网络

气象信息网络是气象业务体系的重要组成部分。新中国成立 70 年来，山东省气象部门气象信息网络从电话、电报、电传、传真、卫星通信、分组交换网，发展到目前依托云计算、大数据、宽带网技术的新一代气象信息网络，取得长足进步和飞跃式发展。

▶ 气象信息上行

▶ 气象电报

1950年4月12日，中央军委气象局与邮电部签署优先传递气象电报文件，规定气象电报随收、随发、随转，整个过程不得超过 25 分钟，较好保证了地面气象观测资料上传的时效性

▶ 拨号上网、专线话路、X.25分组交换网

▲ 1992 年起，部分气象台站开始采用公共交换电话网，通过拨号上网、专线话路、X.25分组交换网等数据通信方式上传气象电报

▲ 1999 年 6 月，全省各气象台站（成山头、朝城、泰山除外）均开通了分组交换网，结束了通过气象电报方式传递气象资料的历史

▶ 气象信息接收

　　新中国成立初期直至 1978 年，莫尔斯气象广播是最直接、最快速分发气象情报的途径。1978 年后，无线电传和无线传真逐步取代了莫尔斯气象广播。1991 年后，计算机网络通信的应用使气象信息的分发更便捷。

▶ 人工抄收莫尔斯气象广播（1954—1978年）

▲ 1954 年 2 月，省气象台开始人工抄收无线莫尔斯气象广播，1960 年前后开通至北京区域气象中心有线电传电路后停止

▲ 1958 年，各专区（市）气象台建立后，均采用人工抄收无线莫尔斯气象广播方式接收气象资料，直至 1978 年左右以无线电传代替

▶ 无线电传和无线传真

▲ 1974 年以后，省、市级气象台相继开始使用无线电传机接收中央气象台无线移频电传广播，极大地降低了劳动强度

▲ 1975 年以后，省和各市（地）气象台先后配备收信机和 123 型传真收片机接收气象传真资料。图为 1985 年省气象局在泰山设立的气象传真发射台

▶ 卫星通信综合网

　　1996年,山东省开始建设"气象卫星综合应用业务系统"(简称9210工程),采用卫星通信、计算机网络、数据库和人机交互系统(MICAPS)等先进技术,建设卫星通信和地面通信相结合的现代化气象信息网络,于1998年底全部建成。

1	2
3	

1. 1997年1月16日,全国地市级第一个9210工程VAST小站在泰安市气象局开通,省气象局在泰安召开现场会总结推广工程建设经验

2. 1997年6月5日,省委副书记陈建国在省气象局调研工作时,通过9210工程电话系统与中国气象局通话

3. 市(地)气象局9210工程应用系统

▶ 气象辅助通信网：甚高频无线电话和扩频通信

◀ 1986 年，建成省—市（烟台除外）甚高频无线电话网，实现省—市定时天气会商，并开展无线数传业务

◀ 1987 年，全省各市（地）均建成市—县甚高频无线电话网，实现市—县定时天气会商

◀ 1008 年，建成泰山—济南扩频通信系统，实现泰山 713 数字化雷达资料直传省气象局

▶ 天气图绘制

◀ 1953—1989 年，全省各级气象台
站均手工填绘天气图

▲ 1989 年 1 月，省气象台配备自动填图机；1992 年，全省各级气象台站全部
实现微机自动填图；2002 年 11 月，全省各级气象台站全部取消纸质天气图

▶ 气象卫星云图接收

1. 1974 年，省气象台每天 2 次接收美国第一代极轨气象卫星艾萨（ESSA）云图。图为 1990 年省气象台安装的 WT1 型气象卫星数据接收设备

2. 1990 年，省气象台工作人员正在接收处理气象卫星数据

3. 1975—1977 年，烟台、青岛、济宁市气象台相继开展卫星云图接收业务。至 1997 年，各地（市）气象台全部建成日本 GMS 气象卫星云图接收系统

4. 1998 年后，全省各级气象台站均通过 MICAPS 系统调阅气象卫星云图产品

▶ 依托云计算、大数据的新一代气象信息网络

云计算、大数据等新技术应用是山东省气象现代化建设"三三三一"10 项重点工作中"三项核心技术"之一。进入新时代以来，山东省气象部门坚持以信息化引领现代化，通过提高气象云基础设施支撑能力、气象云平台计算能力、气象综合业务实时监控能力，初步建成了以信息化为显著特点的新一代气象信息网络系统。

▲ 2015 年 1 月 8 日，山东省气象局与浪潮软件集团有限公司签署信息化建设战略合作协议。中国工程院院士陈联寿（后排左六）、省气象局局长史玉光（后排左五）、浪潮集团董事长兼 CEO 孙丕恕（后排左七）出席签约仪式

▲ 2017 年 2 月 17 日,省气象局局长史玉光（中）在浪潮集团调研云计算、大数据技术发展情况

▲ 2017 年 11 月 14 日，省气象局与浪潮集团共商深化信息化合作事宜

▶ "云+端"省级气象信息基础设施云平台

▶▶ 构建虚拟化主机、分布式计算和NAS集群分布式存储三大领域基础设施

▲ 2018 年，按照"基础先行"的原则，基本建成山东气象信息基础设施云平台。基础设施资源池现有物理服务器 43 台、内存 17T、存储 740T；现有虚拟化服务器 230 台，运行 91 个省级业务系统；建设了 NAS 集群分布式存储；建设了备份系统、私有云安全防护系统和资源池管理平台

▶▶ 宽带网升速，提供网络支撑

▲ 2018 年，国家—省宽带网升级至 40 兆 MSTP 线路，省—市宽带网由双 6 兆 SDH 升级为双 20 兆 MSTP 线路，电子政务外网升级至千兆专线，移动 VPDN 专线由 0.2 兆升级至 1.2 兆，提升了 6 倍

➡ 搭建大数据云平台试运行环境，提高云计算能力

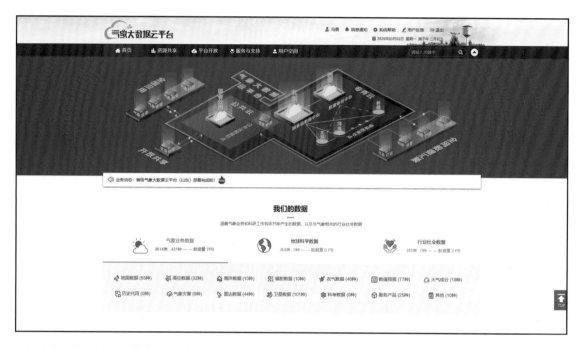

▲ 2019年，依托现代农业保障工程与省级雷达数据共享工程，建设配置79个计算节点，1.8PB存储的大数据云平台，全面提升山东省海量气象数据处理、数据共享的能力

➡ 省级气象业务内网系统（2.0版）建设

◀ 2018 年，基于大数据技术，完成省级气象业务内网系统的硬件环境搭建及后端管理平台、前端首页设计、传输考核、文件填报等开发工作，进一步提高了气象观测资料及业务产品的服务能力

▶ "天镜-山东"气象综合业务实时监控运行维护平台

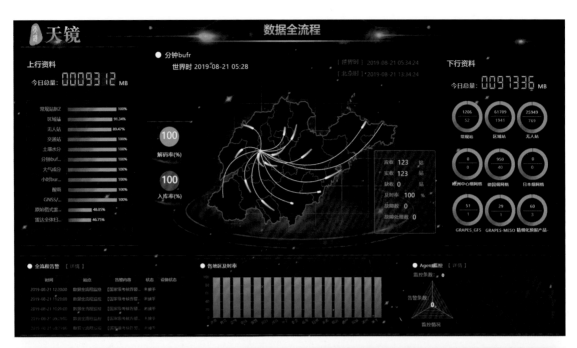

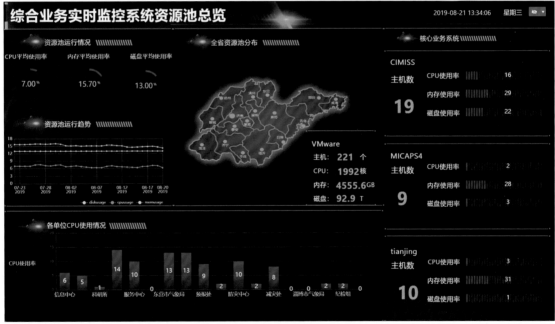

▲ 2019 年，为适应集约化条件下监控运行维护保障需求，建设"天镜 – 山东"气象综合业务实时监控运行维护平台，逐步实现观测、信息、预报、服务等气象业务统一集中自动化、智能化全网监控

▶ 以CIMISS为基础建设"三位一体"的统一数据环境

➠ 全国综合气象信息共享平台(CIMISS)

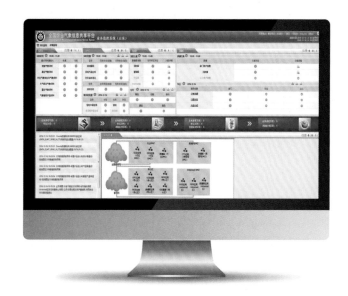

◀ 2016 年 12 月，全国综合气象信息共享平台（CIMISS）省级系统投入业务运行，成为山东省气象部门信息化的核心系统，至 2019 年 8 月，实现了 115 种地面观测产品、57 种数值预报产品、83 种气象服务产品的实时分布式共享和实时传输

➠ CIMISS平台、NAS集群、MICAPS客户端"三位一体"数据全流程贯通

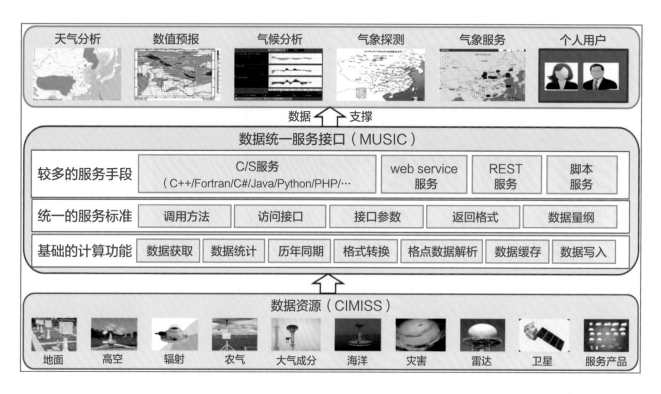

▲ 通过气象数据统一服务接口网站（MUSIC）为业务系统对接 CIMISS 提供 API 服务，实现 CIMISS、数据解析系统、分布式存储系统（NAS）、MICAPS4 客户端全流程数据贯通

➭ 与浪潮集团合作建设气象大数据所

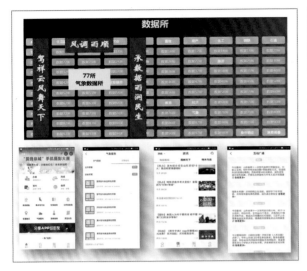

▲ 与浪潮集团合作建设气象大数据所（77所）

▲ 2017年11月2日，完成天元平台数据上线

➭ 国内气象通信系统2.0（CTS2.0）投入业务运行，台站资料秒级到达省级和国家级

▲ 2019 年 1 月，国内气象通信系统 2.0（CTS2.0）投入业务运行，实现地面观测资料从台站经省级到达国家级的全程用时达到秒级，8 部新一代天气雷达数据边扫描边传输

▶▶ 实时—历史地面气象资料一体化业务系统（MDOS）

作为全国 5 个试点省份之一，▶
2016 年部署了基于 CIMISS
的实时—历史地面气象资料一
体化业务系统（MDOS2.0），
实现历史气象资料与实时气象
资料统一在一个资源池。右图
为 MDOS 平台质控人员商讨
确认疑误信息

▶ 省—市—县高清视频会商系统

1
───
2 | 3

1. 山东省气象台高清视频
   会商系统

2. 省—市高清视频会商系统

3. 市—县高清视频会商系统

▶ 数字化气象档案馆建设

  2019 年 4 月，作为全国气象数字化档案馆建设 4 个试点省份之一，完成山东省气象档案馆升级改造，开发部署《数字化档案馆管理系统》《智能气象档案管理系统》，实现气象档案馆人脸识别、温湿度自动监控、漏水监控、烟感报警，以及气象档案移交、自动检索、信息化产品展示、借阅管理及档案统计等功能，通过 RFID 标签实现对馆藏档案的自动盘点。

◀ 气象数字化档案馆监控系统
  和数字档案管理系统

◀ 山东省数字化气象档案馆库房

◀ 菏泽省级气象档案异地灾备
  库房（2015 年建成）

▶ 历史气象资料信息化

　　经过十几年的气象数字化能力建设，至 2019 年，完成全省历史气象记录报表、各类自记纸等资料信息化工作，形成电子档案近 20TB，开发了《降水自记纸数据化成果质量控制软件》《风自记纸数据化成果质量控制软件》，并在全国气象部门推广应用，确保了信息化建设成果质量。

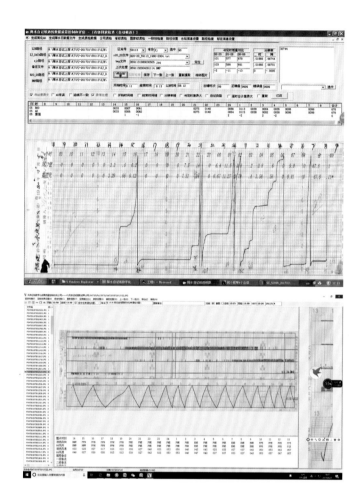

研发的《降水自记纸数据化成果质量控制软件》（上图）、《风自记纸数据化成果质量控制软件》（下图）通过中国气象局验收，在全国推广使用 ▶

牵头完成中国气象局《珍贵气象档案分级鉴定办法》《珍贵气象档案管理办法》制定，填补中国珍贵气象档案管理领域空白 ▶

气象技术装备保障

新中国成立之初，省级气象部门负责全省气象仪器装备的供应和管理，维修由设备使用单位自行承担。经过 70 年的发展，现已建成"两级管理、三级保障"气象装备保障体系，并在可视化运行监控、气象仪器检定全覆盖、现代储备仓库、新一代天气雷达实机测试线等方面走在了省级气象部门的前列。

▶ 气象技术装备保障业务发展历程

▶▶ 起步阶段

山东省气象局成立之初，省级气象管理部门只负责仪器供应和管理，设备维修维护由使用单位负责。1958 年，省气象局在器材室建立仪器检修检定组，负责全省常规气象仪器检定和维修工作，标志着山东省气象技术装备工作步入管理、供应、检定、维修全面发展阶段。

▶▶ 探索发展阶段

20 世纪 70 年代后，随着电传打字机、传真收片机、天气雷达、卫星云图接收机等设备开始大量装备全省各级气象台站，技术装备保障工作内容迅速扩展，省气象局开始设置专职的维修机构和人员。

▶▶ 建立"二级管理、三级保障"技术装备保障体系

　　1991 年，全省气象部门建成省、市二级管理，省、市、县三级保障的气象技术装备保障体系，逐步做到大修不出省、中修不出市、小修不出县。

◀ 省级气象装备保障管理

◀ 市级气象装备保障管理

◀ 县级气象装备保障管理

▶ 省级气象技术装备保障

▶ 气象计量业务保障

　　1958年，省气象局在器材室建立仪器检修检定组，初期仅能承担温度表零上部分检定。1975年9月，省革委会气象局设立气象仪器检定所。1987年，获省标准计量局温度等检定项目认证和授权。1992年，国家气象局批复同意成立山东省气象计量站，对内称山东省气象局仪器检定所。

▲ 20世纪60年代使用干湿球温度表进行观测

▲ 20世纪90年代使用的温度计和湿度计

▲ 2010年，建成全国气象部门第一个恒温恒湿省级气象计量实验室

▲ 2004 年，省气象局使用车载式自动气象站校准器和检定设备，
对全省 123 个国家级台站自动气象站传感器进行现场校准

 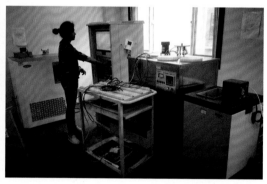

▲ 气压传感器检定　　　　　　　　　　　▲ 温度传感器检定

▶ 气象技术装备保障

▲ 2012 年，建成新一代天气雷达技术保障系统，配备射频信号发生器、频谱分析仪等精密仪表
以及相应维修工具、辅助设备，提高了省级雷达保障的快速反应、现场测试、应急抢修能力

▶ 综合气象观测设备保障

▲ 承担全省新一代天气雷达、风廓线雷达、探空雷达的标定检修工作

▲ 闪电定位仪现场核查　　　　　　　▲ GNSS/MET巡检

◀气溶胶站维护

▶ 一体化智慧保障体系

▶ 综合气象观测系统气象装备运行监控系统（ASOM2.0系统）

牵头研发《综合气象观测系统气象 ▶
装备运行监控系统（省级版）》
（ASOM2.0 系统），获 2015 年度
全国气象部门创新项目，2016 年
6 月 1 日在全国气象部门推广应用

▶ 中国气象局"省级装备保障一体化业务系统"试点

▲ 2019 年，山东作为全国 7 个试点省份之一，完成中国气象局组织研发的"省级装
备保障一体化业务系统"建设。该系统在 ASOM2.0 的基础上，将运行监控系统、
动态管理系统、测试维修系统和计量检定系统融为一体

▶ 县级综合观测业务集成平台（MOPS）

▲ 2017 年，在县级气象局推广 MOPS 平台，台站通过平台可以完成设备监控、通信监控、站网管理、数据展示与统计分析，以及 MDOS、ASOM 平台县级功能集中使用

▶ 省、市、县三级维修系统

◀ 2009 年，建成省、市、县三级维修系统，搭建了三级维修平台及信息管理系统。上图为 2013 年配备的省级气象观测设备测试维修平台，下图为淄博市气象局装备保障维修平台

▶▶ 省—市远程视频维修会商系统

▲ 2011 年，建成省—市远程视频维修会商系统并投入业务使用，实现省—市气象装备维护维修远程视频指导

▶▶ 省、市装备仓储电子标签拣选系统

◀ 2017 年，建立省、市两级装备仓储电子标签拣选系统，使用三段式电子标签，实时掌握装备信息，显著提高气象仓储管理信息化水平

▶ 市级技术装备保障

▶▶ 市级技术装备管理机构

▲ 1958 年，各专区（市）设立气象台后开始负责辖区内气象（候）站的业务工作。1973 年以后，市地气象台先后扩编为气象局，负责辖区内气象站气象装备仪器管理

▲ 2012 年 12 月，各市气象局保障中心相继成立，市级技术装备管理与保障技术服务相分离

▶▶ 市级气象计量业务

◀ 2015 年，启动市级计量检定或核查系统建设工作，制定雨量、气温、风向、风速传感器现场核查标准。至 2016 年，各市气象局建站 3 年（含）以上区域站全部完成现场核查

◀ 2018 年，各市气象局全部建成市级移动校准维修系统，配备移动校准检定车和气温、降水等检定设备，提升了市级气象装备保障能力

▶ 县级技术装备保障

1	2
3	4
5	

1. 县级气象部门担负国家级自动气象站、区域气象观测站、自动土壤水分观测站、GNNS/MET等县级气象装备的日常巡检与维护工作

2. 维修国家级自动气象站风仪器

3. 巡查国家级自动气象站数据采集器

4. 使用全站仪测量地面气象观测场周边障碍物

5. 维修区域气象观测站

▶ 山东特色保障装备

▶▶ 基于机械臂的自动温度检定系统

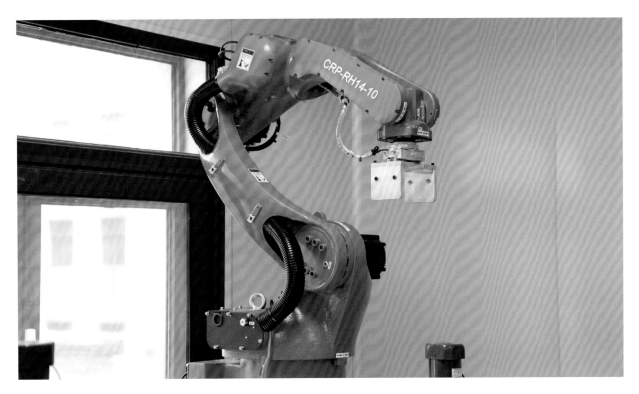

▲ 2018 年，研制基于机械臂的自动温度检定系统，可实现对 4 个温度槽的同时控制

▶▶ 全省观测场实景监控系统

◀ 2006 年，建成全省地面气象观测场实景监控系统，省级管理部门可以远程监控每一个地面气象观测场周边及观测场内维护情况，成为探测环境保护、综合观测业务运行保障的重要基础设施

▶▶ 便携式风向和启动风速校准系统

◀ 2014 年，研发便携式风向和启动风速校准系统，满足室内及现场校准需要，获国家发明专利和实用新型专利

◀ 2015 年，编制《船载自动气象站功能规格需求书》。2016 年完成首批定型船载自动气象站使用许可测试评估，是全国气象部门省级业务单位首次承担气象装备测试评估工作

▶▶ "智能头盔"气象装备远程维修支持系统

▲ 2016 年，研发"智能头盔"气象装备远程支持系统，智能头盔实时采集现场实景信息，专家远程诊断，对现场维修工作人员提供快速准确的技术支持

▶ 地温分线通信箱及自动气象站视频远程重启系统

▲ 研发地温分线通信箱，有效提高台站地温
传感器更换、检定效率和安全性，2019
年在全省 16 市完成安装

▲ 研发自动气象站远程视频重启
系统，解决高山站、海岛站和
偏远站点的保障问题

▶ 大气探测技术保障中心业务设施新发展

▲ 2019 年 8 月，省气象局大探中心新业务楼试运行。新业务楼建设了现代化的综合气象观
测运控平台、恒温恒湿精密实验室、装备仓储电子标签拣选系统等现代化设施，使山东省
气象技术装备保障水平和保障能力提高到一个新高度

▶ 综合气象观测运行监控平台

▲ 综合气象观测运行监控平台配置 30 块拼接大屏幕，涵盖装备监控、保障监控、运行评估、远程指导等业务，为气象观测设备运控维护提供保障

▶ 建成温度、湿度等9个恒温恒湿精密实验室

▲ 实验室配置精密空调、新风、强排风、高精度环境监控、多媒体显示等设备，具备温度、气压、湿度、降水、电学等检定能力

▶ 省级双风洞检定中心

▲ 建成 70 米 / 秒回路风洞（上图左）和 40 米 / 秒直路风洞（上图右）组成的风传感器测试中心，满足农业气象观测、海洋气象观测等强风型、非机械型风速传感器检定

▶ 智慧楼宇系统

▲ 按照智慧楼宇标准，安装人脸识别门禁系统、一体化空调管理系统、三网隔离运行系统等智能管理系统

公共气象服务篇

　　气象服务是气象工作的出发点和落脚点，是气象事业的立业之本。新中国成立以来，山东气象部门始终坚持为社会主义建设服务、为人民大众福祉安康服务的根本宗旨，服务领域不断扩大，服务效益不断提高。迈入新时代，山东气象部门紧紧围绕全省经济社会发展和人民对美好生活的需要，全面提升公共气象服务能力，着力打造现代农业、海洋、环境三个山东特色气象服务领域，公共气象服务的能力和水平再上新台阶。

党委政府
防灾减灾救灾的参谋部

　　面向各级党委、政府和有关部门的决策气象服务，是气象服务的重中之重。经过 70 年的发展，山东气象部门已经建立了比较完善的气象灾害监测、预报、预警、应急响应、评估全过程业务服务体系；全省建立了党委领导、政府主导、部门联动、社会参与的气象灾害综合防御体系。

▶ 黄河漫滩险情气象保障服务

　　2003 年 10 月，黄河流域出现罕见秋汛，菏泽东明段发生漫滩险情，省气象局组织省、市、县三级气象部门协调联动，提供准确及时的气象服务，为夺取黄河防汛胜利作出了突出贡献。省委书记张高丽盛赞山东气象部门"这是立党为公、执政为民的具体体现，也是支援抗洪救灾、关心群众、干事创业、加快发展的实际行动。"

◀ 2003 年 10 月，副省长陈延明（左三）在移动气象台上指挥菏泽东明黄河抗洪救灾

▲ 加固黄河大堤

▲ 严密防守大堤

▶ 鲁西北马颊河流域内涝气象保障服务

　　2010年8月8日夜间,大到暴雨、局地大暴雨袭击鲁西北,马颊河流域出现重大汛情,聊城、德州、滨州等地发生内涝,气象部门为抢险救灾提供了准确、及时的气象服务。副省长贾万志给予充分肯定:"气象部门这几次的强降水预报、预测非常准确,后续服务做得很好,为领导决策和政府部门指挥抢险救灾发挥了重要作用。"

◀ 2010年8月9日,省气象局局长湖涛(前排右三)陪同副省长贾万志(前排左三)在德州、聊城等地检查指导防汛救灾工作

◀ 2010年8月13日,省气象台、德州市气象局通过移动气象台开展现场气象服务

◀ 洪水淹没农田和道路

▶ 防台风气象服务

据统计，1949—2019 年，共有 143 个台风影响山东。在历次防御和抗击台风的过程中，全省气象部门为各级党委、政府和有关部门科学组织抢险救灾发挥了"第一道防线作用"，受到了省委、省政府的肯定和表彰。

▶ 台风"达维"气象服务

2012 年 8 月 2 日夜间至 3 日，台风"达维"横穿山东，省气象台发布了历史上第一个台风红色预警，省气象局启动了历史上第一个应对重大气象灾害Ⅰ级应急响应，为超前防范、科学应对台风发挥了关键作用，省政府办公厅巡视员高洪波批示："省气象局全系统在紧急应对'达维'台风的工作中，预警及时，科学动态地向省政府领导提供了实时决策依据，应急（工作做法）值得总结。"

▲ 省气象局局长史玉光（左）向副省长贾万志（右）汇报"达维"台风预报预警情况

▲ 省气象局移动气象台、移动雷达车以及日照、临沂移动气象台在日照开展"达维"应急气象服务

▶▶ 台风"温比亚"气象服务

2018年8月17—20日,台风"温比亚"影响山东,多地遭受洪涝灾害,其中寿光市受灾严重。气象服务做到了准确预报、提前预警、及时服务,省气象局和12个市气象局、57个县气象局一天内接连发布暴雨红色预警信号,打破了山东气象服务历史纪录。省气象台等2个单位和6名同志被省委、省政府授予先进集体、先进个人荣誉称号。

灾后情况

认真研判天气形势

▲ 9月18日,寿光市委、市政府向山东省气象局、潍坊市气象局赠送锦旗,对省、市气象部门抗台气象保障工作表示感谢

▲ 潍坊市气象局组织"温比亚"台风天气会商

▶ 台风"利奇马"气象服务

2019 年 8 月 10—13 日,第 9 号台风"利奇马"影响山东,全省出现大范围的暴雨到大暴雨,部分地区特大暴雨。此次台风持续时间长、降雨强度大、影响范围广为有气象记录以来山东历史之最。对此,气象部门提前 3 天发布"第 9 号台风'利奇马'动向分析",此后根据台风动向滚动发布预报预警,做到了预报时间早、预警级别高、预报实况准,为政府防抗台风提供了有力的决策支撑。省气象台等 3 个单位和 11 名同志被省委、省政府授予先进集体、先进个人荣誉称号。

1	2
3	4
5	6

1. 分析制作决策气象服务材料

2. 及时维护仪器设备

3. 召开重大天气新闻发布会

4. 气象专家研判台风路径

5. 参加全国气象部门加密台风天气会商

6. 在山东省抗击台风抢险救灾工作表扬奖励大会上受表彰

▶ 气象保障重大活动成功举办

　　全省各级气象部门将重大活动气象保障服务作为气象服务的重点任务之一，精心组织、周密部署，成功服务了 1988 年全国城市运动会、2008 年青岛奥帆赛、2009 年第十一届全运会、2012 年第三届亚洲沙滩运动会、2014 年世界园艺博览会、2018 年上合组织青岛峰会、2019 年海军节等重大体育赛事和重大社会活动。

2009 年 9 月 21 日，省气象台 ▶
首席预报员张少林（前排右一）
传递十一届全运会火炬

2008 年 7 月 30 日，中国气象 ▶
局局长郑国光（二排左二）检查
指导青岛奥帆赛气象服务工作

▶ 2008年青岛奥帆赛气象服务

◀ 2008 年 8 月 22 日，国际帆联
副主席大卫·凯利特（后排左三）
与气象保障人员合影

◀ 奥帆赛天气会商

◀ 奥帆赛现场服务

▶ 2009年第十一届全运会气象服务

▲ 第十一届全运会开幕式

全运会现场气象服务

▶ 2012年第三届亚洲沙滩运动会气象服务

1	2
3	4
5	

1. 气象保障誓师大会

2. 2012 年 6 月 16 日，中国气象局副局长许小峰（中）到海阳指导亚沙会气象保障工作

3. 亚沙会气象服务产品

4. 亚沙会现场气象服务

5. 气象保障服务完美收官

▶ 2018年上合组织青岛峰会气象服务

中国气象局将峰会气象服务作为 2018 年最重要的保障任务，形成了全国气象部门"一盘棋"、共同做好峰会气象保障工作机制。山东省气象局坚持超前谋划、超前备战、实战演练，为演出、会务、安保、环保、浒苔打捞、海域管控等方面提供了精准的预报服务，开展了高效的人工影响天气作业，圆满完成了这项光荣而重大的政治任务。在省委、省政府总结表彰大会上，获先进集体称号，2 名同志记二等功，2 名同志记三等功，4 名同志被授予先进个人称号。

▲ 中国气象局副局长余勇（前排中）在青岛指导上合峰会气象服务保障工作

▲ 国家气象中心以及上海、江苏、山东等气象部门预报专家联合会商天气

▲ 省气象局局长史玉光（前排中）主持召开调度会议部署上合峰会气象保障工作

▲ 上合组织青岛峰会灯光秀

▶ 应急气象保障服务

　　在突发公共事件的应急处置中，山东省气象部门及时开展气象监测、预报预警、防范建议和灾害评估等方面的应急服务，启动应急气象服务预案，加强气象监测分析预报，为政府及有关部门应急处置突发事件提供气象保障服务。

▶▶ 应急演练

1. 2007 年 6 月 27 日，山东省抢险救灾移动气象台在泰安黄前水库演练

2. 2014 年 5 月 16 日，山东省半岛抗震救灾演练现场，副省长王随莲（前排中）询问气象情况

3. 2014 年 5 月 16 日，参加全省石油化工灭火救援综合演练

4. 2017 年 6 月 23 日，省气象局专家组参与完成"海阳 -2017"首次核应急演习

1	2
3	4

▶▶ 森林火灾应急气象保障

济南长清"4·18"森林火灾气象保障

2011年4月18日,济南长清区境内泰山余脉发生森林火灾,气象保障服务队伍迅速赶赴救火一线,提供实时气象服务,为扑灭森林大火、保护森林资源和人民群众生命财产安全做出了重要贡献。

◀ 省委书记姜异康(左一),省委副书记、省长姜大明(右一)在现场指挥部听取省气象局局长史玉光(左二)关于气象保障情况的汇报

◀ 省委副书记、省长姜大明(前排右一)在移动气象台听取省气象局局长史玉光(左二)关于天气情况的汇报

◀ 开展人工增雨作业

济南、泰安交界处"4·17"森林火灾气象保障

　　2018 年 4 月 17—21 日，济南、泰安交界处突发森林火灾，省气象局和济南、泰安市气象局第一时间赶赴现场，全程跟踪加密开展服务，抓住时机大力组织人工增雨作业，副省长于国安书面批示表扬，济南、泰安市委致信感谢。

1. 人工增雨作业

2. 书面批示和感谢信

3. 火火现场气象服务

1	2
3	

烟台栖霞牙山森林火灾气象保障

2014 年 3 月 14 日，烟台栖霞牙山附近唐家泊镇上寨村山头发生森林火情并引发火灾，省气象局、烟台市气象局第一时间赶赴现场提供气象保障。

▲ 省气象局副局长阎丽凤（前排左二）向副省长邓向阳（中）汇报天气情况

▲ 副省长赵润田（右二）在烟台移动气象台听取天气情况汇报

威海里口山森林火灾气象服务

2014 年 5 月 29 日，威海市里口山发生山林火灾，省、市气象部门第一时间赶赴现场提供气象保障。

▲ 省气象局副局长李春虎（右）与灭火前线指挥部负责人商讨气象保障工作

▲ 灭火指挥部召开会议研究灭火事宜

打造"三大特色领域"气象服务
当好国家战略实施保障队

山东是人口大省、经济大省,也是农业大省、海洋大省、能耗大省。2018 年实现生产总值 7.6 万亿,列全国第三;粮食产量占全国 8%,水果占全国 12%,蔬菜占全国 13%,农产品出口占全国 24%;海洋经济总量占全国 1/5;火力发电量全国第一。山东省气象局立足山东实际,突出山东特色,在"三三三一"十项重点工作中,重点加强现代农业、海洋、环境"三大特色领域"气象服务,为乡村振兴、海洋强国、生态文明建设等国家战略实施当好保障队。

▶ 现代农业气象服务特色

▶ "三个中心"

山东省农业气象中心

重点研究定点、定时、定量化的农业气象评价技术，卫星遥感综合应用技术，建设农业气象业务服务标准体系、农业气象服务产品库、农业气象服务品牌化建设等

烟台果业气象服务中心

重点对市县级果品生产气象服务初级产品进行质控与推送，基于"互联网+"的果业智慧气象服务，提供用户气象需求信息

潍坊设施农业气象服务中心

重点研究初级服务产品的质控，设施农业智慧气象服务，面向用户需求的信息制作与服务

▶ "两个基地"

临沂设施农业气象试验基地

基地占地面积 79.76 亩（1 亩 =1/15 公顷），按照国家一级农业气象试验站标准建设，包括智能温室区、冬暖式日光温室区、高效大拱棚区、林果种植区、水生动植物养殖区、大田作物养殖区 6 个功能试验区

泰安农业气象试验基地

重点开展冬小麦、夏玉米等主要粮食作物气象指标、节水、增产技术试验，示范农业气象适用技术，开发农业精细化气象服务产品，服务用户涵盖科技大户、家庭农场等主要农业经营主体

▶ **"两个平台"**

◀ 实现全省格点业务产品实时在线生成和省市县三级服务产品的智能化制作，服务产品实现省市县三级实时共享

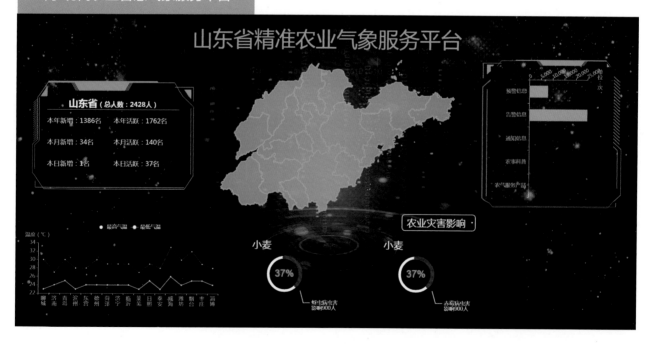

▲ 制作农业气象旬（月）报、农业干旱监测预报、春播作物适宜始播期预报等决策服务产品；制作用于精准农业服务及大数据分析的要素类服务产品

▶ 三个示范点

德州粮食安全智慧气象服务示范点

德州粮食安全智慧气象服务
示范气象站

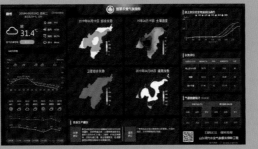

德州粮食安全智慧气象服务
示范服务平台

潍坊设施农业智慧气象服务示范点

潍坊设施农业智慧气象
服务示范点

潍坊设施农业智慧气象
服务平台

烟台果业智慧气象服务示范点

烟台果业气象服务现场调查

烟台果业气象监测站

▶ 海洋气象服务

20 世纪 50 年代初期开始，青岛、烟台、威海市气象台站便开展海洋气象服务，主要是向海水养殖、海洋捕捞等行业提供短期、中长期天气预报和灾害性天气预警等服务。1995 年，威海市海洋气象台、烟台市海洋气象台相继成立。2002 年，青岛市海洋气象台成立。2003 年，山东省和东营、潍坊、日照、滨州 4 个沿海市成立海洋气象台，专门负责海洋天气预报、警报和服务业务，预报范围从沿海延伸到 200 千米海区，并负责沿海风暴潮预报。山东省海洋气象业务服务体系初步形成，海洋运输、海洋渔业、海上搜救等海上气象服务能力大幅提升。作为山东省特色气象服务之一，面向山东海洋强省建设需求，山东省气象局正在着力打造融入式、智能型、精细化海洋气象服务品牌。

▶ 山东海洋气象服务两个"1+7"

▲ 第一个"1+7"：省海洋气象台和7个沿海市海洋气象台组成海洋气象机构体系

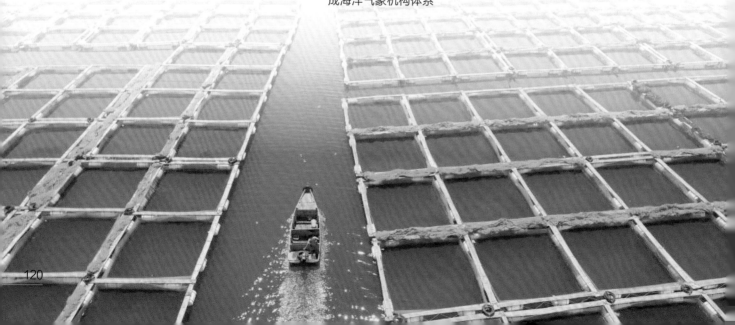

▲ 揭牌仪式

山东海洋气象综合服务系统

1 + 7

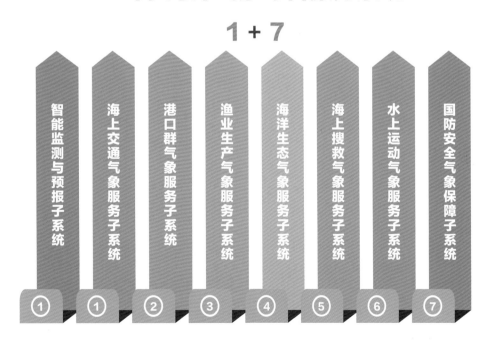

① 智能监测与预报子系统
① 海上交通气象服务子系统
② 港口群气象服务子系统
③ 渔业生产气象服务子系统
④ 海洋生态气象服务子系统
⑤ 海上搜救气象服务子系统
⑥ 水上运动气象服务子系统
⑦ 国防安全气象保障子系统

▲ 第二个"1+7"：由海洋气象智能网格监测与预报子系统和海上交通、港口群、渔业生产、海洋生态、海上搜救、水上运动、国防安全等7个特色专项服务子系统组成的海洋气象服务格局

▶ 依海而生，向海而兴，海洋气象预报与服务业务迅速发展

在全国率先建设山东省—市两级海洋专业气象预报平台

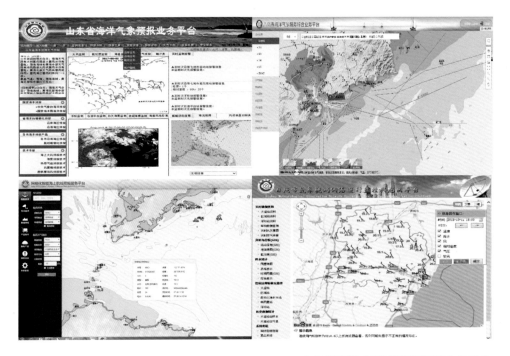

▲ 山东省及地市海洋气象预报业务平台

"一基地、两中心、一电台"海洋气象服务格局初步形成

长岛海洋综合观测基地建设稳步推进，青岛、烟台海洋气象预警服务中心服务能力不断增强；全国首个"智能海洋气象预警系统"在威海投入使用，纳入省政府海上安全生产组织体系，预警覆盖范围达 3000 千米，为数十条国内、国际航线提供智能海洋气象预警服务，形成了"一基地、两中心、一电台"发展格局。

"一基地、两中心、一电台"海洋气象服务格局		
一基地	两中心	一电台
长岛综合观测基地	青岛海洋气象预警中心	石岛海洋气象广播电台
	烟台海洋气象预警中心	

▲ 石岛智能海洋气象预警系统

航线气象服务

渔业气象服务

港口气象服务

▶ 生态环境气象服务

面向生态山东建设需求，建立生态环境气象综合监测系统、省级气象卫星遥感监测评估中心和生态气象综合服务平台，着力优化"一级制作、三级应用、合作共享"的环境气象业务布局。在共同签署数据共享协议的基础上，与环保部门共享空气质量观测数据，实现了全省空气质量监测数据（省控 + 国控 144 个，县站 188 个）、济南超级站、全国气象观测数据的实时共享，组建了一张地面要素全覆盖、立体监测有点位的环境气象监测网；与生态环境部门每日联合会商空气质量预报。

▶ "顺时而动"，快速发展山东环境气象特色业务

实现与部门间资源共享，联合发布重污染天气预警

▲ 省气象局与省生态环境厅工作座谈会

构建环境气象多源数据网，建设集约化环境气象业务

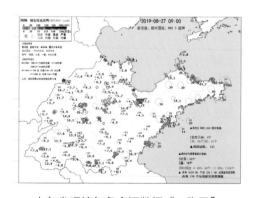

山东省环境气象多源数据"一张网"

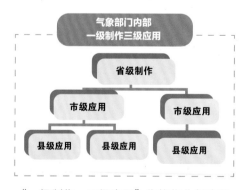

"一级制作、三级应用"集约化业务流程

环境气象科研成果助力"蓝天保卫战"

山东省环境气象业务平台

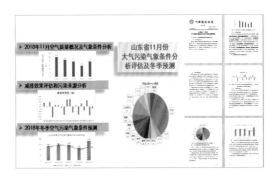

山东省环境气象影响评估

"一级制作、三级应用、合作共享"的环境气象业务布局

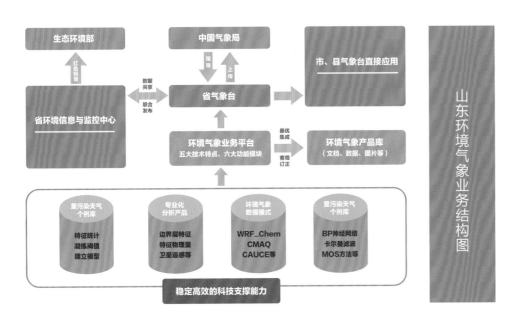

深化合作

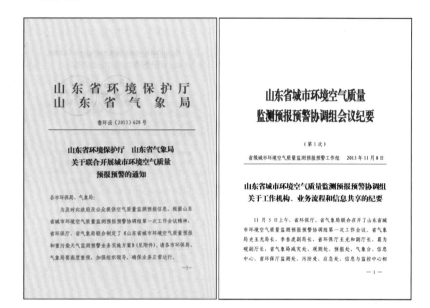

◀ 出台合作文件

数据共享

◀ 无人机探测大雾厚度

◀ 山东环境气象业务平台

公众生活、行业生产的消息树

　　全省各级气象部门通过各种媒体向广大人民群众提供气象预报等服务。早期公众气象信息主要通过板报、报纸、广播和电视进行发布，随着科技进步和气象现代化加速推进，声讯电话、手机短信、网络和由气象部门制作的电视天气预报节目应运而生。近年来，依托飞速发展的新媒体，气象服务形式、手段不断发展，内容不断丰富，精细化水平不断提高，气象服务覆盖面进一步扩大。

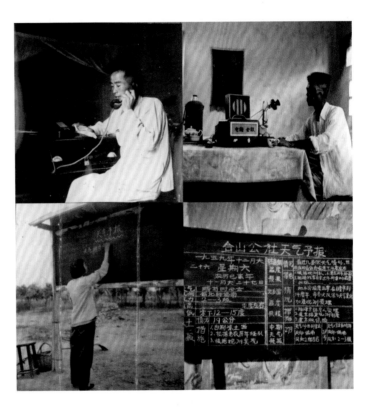

20 世纪 60 年代以电话、板 ▶
报、广播为主要渠道发布天
气预报

▲ 20 世纪 90 年代无主持人电视天气预
报制作中，工作人员正在配音

▲ 20 世纪 90 年代农村气象服务信
息网播音室播报天气预报

▲ 2004 年，省气象影视中心开始制作为农服务气象节目

▲ 2002—2005 年，省气象中心先后与联通、移动、网通合作发布气象短信

1	2
3	3

1. 2003 年 1 月，山东兴农网开通运行

2. 2003 年 7 月，省长韩寓群（前排左二）、副省长陈延明（二排右一）视察山东兴农网

3. 山东兴农网推出的"网络手语天气预报"被中国气象局评为 2005 年度"创新气象"电视短片成果之一

　　随着气象影视服务的发展，省电视天气预报影视制作中心先后为济南电视台新闻、经济、都市、生活、影视等频道以及山东教育电视台、山东有线生活、山东卫视等频道制作天气预报节目。各市、县气象局也积极开展电视天气预报节目制作。

各地积极开展气象影视节目制作

声讯电话　短信及显示平台　网站　新闻发布会　新媒体

中国天气网山东站、山东气象网、山东兴农网网页浏览量次数分别为2.1亿、236万、1346万，其中，中国天气网山东站访问量位居全国前列

"400-6000-121"气象服务热线，自2010年12月上线以来，承担了大量的社会咨询、投诉、建议工作。2005年"121"统一改为"12121"后，不断进行服务升级，规范业务流程。通过科学设置信箱、提高预报质量和服务及时性、改善播音质量以及运用人性化服务等手段，努力把"12121"热线服务做大做强。

"山东天气"微信公众号

专业专项气象服务

　　气象部门根据国民经济各行业、各企事业单位对气象服务的特殊需要，提供专业专项气象服务。山东省气象部门专业专项服务领域不断拓宽，服务范围涉及各行各业，技术手段和服务水平迅速提高。服务对象拓展到交通、电力、矿业、旅游等诸多领域。专业专项气象服务产品日益丰富、精细，针对性更强，深受专业专项用户的欢迎和信赖。

1	2
3	4
5	

1. 与住建部门联合加强城市内涝信息共享和预警信息发布工作

2. 与农业部门签署合作协议，联合会商小麦产量趋势

3. 与交警部门签署合作协议

4. 安装调试高速公路自动气象站

5. 与武警支队签署合作协议

气象为电力、矿山、旅游等服务

1. 为机场清理积雪提供气象服务

2. 开展科研项目联合攻关，相关成果获山东省科学技术奖一等奖

3. 开展电力重点客户气象服务需求调研

4. 省气象局与省应急厅建立了气象信息直通机制

5. 为观赏菏泽牡丹提供气象服务

6. 为冠县梨花节开幕式提供气象服务

1	2
3	4
5	6

防雷减灾服务

1. 技术人员正在对海上石油设施进行检测

2. 2008 年 4 月 24 日，山东省雷电防护技术中心对西气东输山东段防雷安全检测

3. 2010 年 9 月，完成省内第一个雷击风险评估项目——中曼济南归德加气母站雷击风险评估

4. 2010 年 11 月，完成全省第一个大型地网检测项目——华能黄台发电有限公司接地装置检测

5. 化工企业检测现场

6. 港口防雷检测

1	2
3	4
5	6

人工影响天气

山东省水资源严重短缺，人均水资源占有量相当于全国平均的 1/7。新中国成立以来，山东人工影响天气工作得到中国气象局和省委、省政府的高度重视，经历了从无到有、从小到大的发展历程。经过70年的发展，建立了省、市、县三级作业决策指挥和业务技术系统，形成了上下联动、分工明确、协同作战的飞机、高炮、火箭、地面烟炉立体作业体系，现租用人工增雨飞机 2 架，拥有"三七"高炮 485 门、火箭发射装置 351 部、地面烟炉 83 台，全省人工影响天气管理和作业指挥人员 361 人，高炮（火箭）操作人员 2153 人，人工影响天气规模居全国前列。

▶ 人影业务探索发展阶段

山东有组织地开展人工影响天气工作，从 1955 年实施人工熏烟防霜冻开始。到 1978 年，全省有 57 个县（市、区）开展高炮人工增雨试验，36 个县（市、区）开展人工防雹试验。由于当时科技水平限制，试验作业的盲目性较大，技术水平和效益均不高。1980 年，中央气象局决定全国人工影响天气试验停止，山东除胜利油田一直坚持高炮人工防雹作业外，其他人工影响天气试验于 1981 年停止。

1	2
3	4

1. 1955年开始，技术人员使用赤磷、火硝、锯末等配置烟雾剂熏烟，以达到防霜冻的目的

2. 1959年，省气象局首次用飞机在济南进行人工增雨试验

3. 1972年起，省气象科学研究所在济南、泰安、安丘等地用"三七"高炮进行人工增雨试验

4. 1972年起，安丘、新泰、乐陵等地利用空炸弹和土火箭进行防雹作业。图为1978年，泰安实施土火箭增雨防雹作业

▶ 人影业务恢复发展阶段

1987 年，人工影响天气作业在扑灭大兴安岭大火中发挥了重要作用，带动全国各地规模化人影作业全面恢复。1987 年和 1989 年，山东省相继恢复高炮和飞机人影作业。1989 年 3 月，省政府批准成立省政府人工降雨办公室。1990 年 3 月，省政府成立省人工降雨领导小组，各市、县也相应成立领导小组和工作机构，建立了由各级政府直接领导、有关部门参与保障、气象主管机构归口管理的人影工作组织管理体制。中国气象局局长邹竞蒙、温克刚、郑国光，以及省委书记赵志浩、吴官正、张高丽等领导先后检查指导山东人影工作。

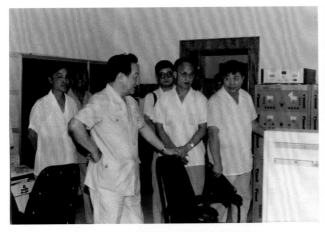 

1. 1992年8月22日，国家气象局局长邹竞蒙（前排左一）在省气象局调研人工增雨工作

2. 1996年11月6日，省委书记赵志浩（前排左一）在省气象局调研人工增雨工作

3. 2003年7月1日，省委副书记、省长韩寓群（左三）在省气象局调研人工增雨工作

4. 2004年3月30日，省政府在淄博召开第一次全省人工影响天气工作会议

1	2
3	4

1	2
3	3
4	5

1. 1989年3月5日，山东恢复飞机增雨作业后执行首次增雨任务的民航双水獭型飞机进驻嘉祥机场。图为省气象局科研所人员与机组人员在机场合影

2. 山东各市（地）、县高炮人影作业恢复后，积极组织岗位练兵。图为1993年4月，昌邑县人降办组织炮手进行实弹射击训练

3. 1989—2000年，青岛和烟台两市租用轰-5飞机实施人工增雨作业。图为待命起飞的轰-5增雨飞机（左）及飞机上安装的干冰播撒器（右）

4. 1989—1992年，省人降办采用经飞机舱底漏斗手工向云中播撒干冰方式开展飞机增雨作业

5. 1993年以后，省人降办先后引进机载碘化银发生器、碘化银焰条等方式作业，大大提高了作业效率

▶ 人影业务快速发展阶段

　　进入 21 世纪特别是进入新时代以来，山东省人影工作步入快速发展的新时代。人影业务列入山东气象现代化建设"三三三一"十项重点工作任务之一，全省人影工作围绕提高综合监测能力、空地一体作业能力、人影业务体系建设、科技支撑能力建设四项重点任务，积极推进人影业务现代化建设并取得阶段性成果。2018 年，山东省人影业务能力通过中国气象局评审，达到优秀等级。

1. 2012年8月31日，省政府在济南召开第二次全省人工影响天气工作会议，副省长贾万志（左四）出席会议并讲话

2. 2013年7月22日，副省长赵润田（前排中）在省气象局局长史玉光（左一）陪同下调研指导人影工作

3. 2015年5月8日，第七届中部区域人影协作会在青岛召开

4. 2019年4月11日，山东省2019年度人工影响天气航管保障协调会召开

1	2
3	4

▶ **省、市、县三级作业决策指挥和业务技术系统进一步完善**

1. 省人影办发挥省级业务带动作用，整合研发山东省人影综合业务系统，升级完善云降水精细分析系统（CPAS），基本建立"与基本气象业务相融合、四级业务纵向到底、五段流程横向到边"的新型人影业务体系，获中国气象局终期评估优秀等级

2. 济南、青岛等 16 市人影办依托省级人影综合业务系统，为辖区内人影作业提供了预报预测、空域申请、指挥协调等全过程业务支撑，其中作业点视频监控覆盖达到90%

3. 各县（市）人影办在市人影办指导下，做好人影作业全过程组织实施工作，发挥县级实施作业的基础作用

▶ 高素质人影队伍得到全面培养

```
    1
 2  |  3
 4  |  5
```

1. 2018 年 10 月，全省人工影响天气综合管理培训班开班

2. 2006 年 11 月，省人影办代表队 3 人分获全国人影高炮安全作业知识竞赛特等奖、一等奖、三等奖

3. 2011 年，滨州市举行人影高炮操作比武大会

4. 2017 年，临沂双堠镇开展高炮人影业务训练

5. 2017 年 8 月，商河县气象局组织火箭维护保养和操作培训

▶ 以标准化带动人影作业规范化

```
        1
    2   |   3
    4   |   5
```

1. 2015年8月30日，中国气象局第五督查组对山东省人影作业标准化站点建设和安全情况进行督查。目前，山东省501个固定人影作业点标准化建成率达100%

2. 济南张夏固定式火箭人影标准化作业点

3. 沂源县高炮人影标准化作业点

4. 武城县气象局人影业务人员清点人影弹药

5. 移动式火箭人影标准化作业点

▶ 空地一体综合监测能力初具规模

　　立足空基和地基遥感技术，着眼云降水宏观、微观观测相结合，开展精细化垂直探测，全省建成由 1 架飞机、23 台雨滴谱仪、2 部 X 波段双偏振多普勒天气雷达、2 部 Ka 波段云雷达、3 部微波辐射计，以及 MRR-2 微雨雷达、PAO 声雷达、FM-120 雾滴谱仪组成的人影立体特种观测网，多次开展空地联合科学实验。

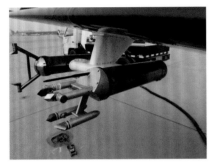

1	1
2	3
4	5

1. 租用"空中国王 350"飞机，安装云凝结核计数器（CCN）、被动腔气溶胶探头（PCASP）、云粒子组合探头（CCP）、降水粒子探头（PIP）、热线含水量仪（LWC）和机载 Ka 波段云雷达等机载航测仪器，开展多种云雾、降水、气溶胶离子观测

2. 临沂市双堠人影作业点雨滴谱仪

3. 青岛市黄岛人影基地微波辐射计

4. 平阴县象山 Ka 波段云雷达

5. 东营市永安双偏振雷达

▶▶ 空地一体作业能力显著提升

空中作业

◀ 省人影办租用 1 架"空中国王 350"、青岛市人影办租用的 1 架 "运 –12"增雨飞机,平均每年飞行 42 小时,作业影响面积 24 万平方千米

◀ 省人影办租用的"空中国王 350" 增雨飞机

◀ 青岛市人影办租用的"运 –12" 增雨飞机

地面火箭和高炮作业

◀ 全省现有人影火箭发射装置 351
部，其中车载式 260 部，固定式
91 部。图为人影火箭发射瞬间

◀ 全省现有"三七"高炮 485 门。
图为人工增雨作业炮弹发射瞬间

地面烟炉作业

全省现有地面烟炉83台。图为平邑蒙山龟蒙顶地面烟炉(左）和青岛世园会地面烟炉（右）

▶ 科技支撑能力显著增强

围绕作业条件识别等人工增雨防雹关键技术和新资料应用，省人影办参与完成国家级项目 6 项，获山东省科技进步二等奖 3 项，第一作者发表科技论文 40 余篇。开展火箭、高炮自动化作业研究，为提高作业装备现代化水平提供科技支撑。

火箭自动化作业系统研发

▲ 火箭自动化作业系统通过鉴定

▲ 新型火箭增雨发射装置

高炮电控自动化作业改造

▲ 全省完成高炮自控改造62门

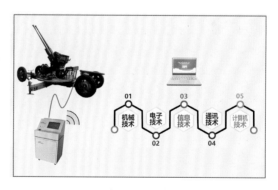

▲ 高炮电控自动化改造示意图

人影随机化作业试验

▲ 东平县人工增雨随机试验基地揭牌

▲ 中国科学院、中国气象科学研究院、省人影办联合开展观测试验

▶ **建设四个省级人影示范基地**

　　自 2006 年以来，先后启动鲁西人工增雨防雹示范基地、济南南部山区"增雨保泉"示范基地、黄河三角洲人工增雨防雹示范基地、山东半岛火箭人工增雨雪示范基地建设，发挥各自在综合观测、作业新技术、特色服务方面的引领作用。

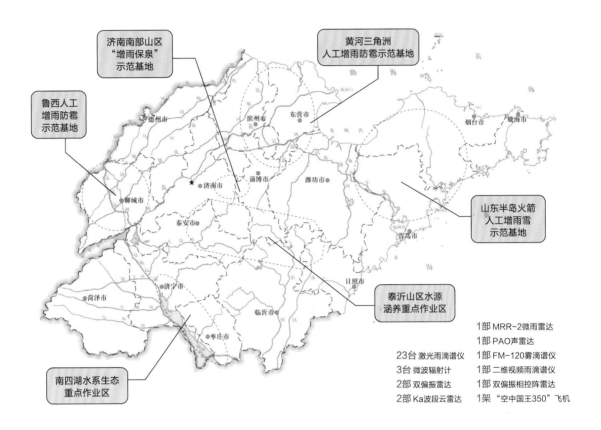

1部 MRR-2微雨雷达
1部 PAO声雷达
23台 激光雨滴谱仪　　1部 FM-120雾滴谱仪
3台 微波辐射计　　　1部 二维视频雨滴谱仪
2部 双偏振雷达　　　1部 双偏振相控阵雷达
2部 Ka波段云雷达　　1架 "空中国王350"飞机

▲ 济南南部山区"增雨保泉"人影示范基地实施人工增雪作业

▶ 人影服务成效显著

增雨防雹效益明显

    2006 年以来，飞机增雨探测 241 架次，飞行 573 小时，发射增雨子焰弹 2.48 万发，燃烧烟条 1370 根；地面增雨防雹作业 2.13 万轮次，发射增雨防雹炮弹 26.27 万发、火箭弹 5.33 万枚，燃烧地面增雨烟条 7713 根。

增雨防雹作业现场

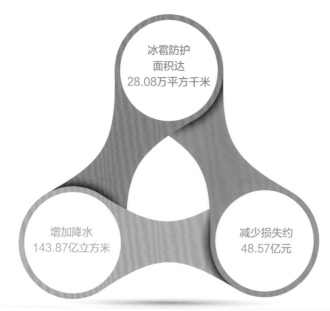

冰雹防护
面积达
28.08万平方千米

增加降水
143.87亿立方米

减少损失约
48.57亿元

2006年以来，全省投入经费5.604亿元

重大活动和突发事件应急保障贡献突出

▲ 2009 年 3—10 月，第十一届全国运动会在山东举办，省人影办组织相关市、县全程保障，获得第十一届全国运动会组织工作先进集体荣誉称号

◄ 2011 年 4 月 18 日，济南长清区境内泰山余脉发生森林火灾，省人影办组织火场周边气象部门实施人工增雨作业，受到灭火指挥部高度称赞

◄ 2018 年 6 月，为全面保障上合组织青岛峰会顺利进行，省人影办与中国气象局人影中心专题会商人影气象保障工作

气象科技创新和人才队伍建设篇

新中国成立后，省内气象台站结合业务需要，开展技术总结和分析研究工作。自 20 世纪 60 年代起，按照"理论与实际相结合，科研为业务服务"的原则，以应用研究为主，开展了天气预报、应用气候、农业气象和人工影响天气实验等研究，取得了一大批科研成果。进入新时代，山东省气象部门紧紧围绕"三大核心技术"开展科技攻关，加大科技人才培养力度，有力支撑了气象事业发展。

气象科技成果

　　据不完全统计，1950—2019 年，全省气象部门共获得 105 项省部级以上奖励，其中 2006—2019 年山东气象部门共获得省部级奖励 22 项。2006—2019 年，全省气象部门发表共科技论文 5400 余篇，其中核心期刊发表论文 1600 余篇，位居全国气象部门前列；主持国家级科研课题 11 项，省科技厅课题 16 项，中国气象局科研课题 56 项，区域基金科研课题 32 项，省气象局自立科研课题 619 项，这些科研成果的推广应用，显著提高了全省气象业务、服务能力和科技水平。

　　▲ 2006—2019年山东省气象局科研成果

2006—2019年山东气象部门获得省部级奖励情况

年度	获奖成果名称	奖励类别	奖励等级	完成单位
2006	山东省多普勒天气雷达建设与应用研究	山东省科技进步奖	二等奖	山东省气象科学研究所
	山东省人工增雨作业技术研究	山东省科技进步奖	三等奖	山东省气象科学研究所
2007	山东气候研究	山东省科技进步奖	二等奖	山东省气象中心
	山东省第三次农业气候区划研究	山东省科技进步奖	三等奖	山东省气象中心
2008	山东省新一代天气雷达产品拼图及开发应用研究	山东省科技进步奖	二等奖	山东省气象科学研究所、山东省气象台
	地市级人工影响天气业务技术系统	山东省科技进步奖	三等奖	山东省气象科学研究所
2009	基于多部多普勒雷达的中小尺度天气系统三维风场结构研究	山东省科技进步奖	二等奖	山东省人民政府人工影响天气办公室
	山东生态农业周年动态、定量信息服务系统研究	山东省科技进步奖	三等奖	山东省气象中心
	山东沿海汛期灾害性天气预警技术研究	山东省科技进步奖	三等奖第二位	威海市气象局
2010	人工增雨飞机空中积冰预报方法研究与应用	山东省科技进步奖	二等奖	山东省人民政府人工影响天气办公室
2011	十一运会开幕式人工影响天气应急服务技术研究	山东省科技进步奖	二等奖	山东省人民政府人工影响天气办公室
2012	现代农业气象保障服务系统研究	山东省科技进步奖	二等奖	山东省气象中心
	渤海海峡大风精细化预警服务系统研究开发	山东省科技进步奖	三等奖	烟台市气象局
	城市突发性强灾害天气预警技术	山东省科技进步奖	二等奖	山东省气象台，济南市气象局
	火箭作业方法研究	山东省科技进步奖	三等奖	山东省气象科学研究所
2013	山东灾害性天气监测预警平台研究与开发	山东省科技进步奖	二等奖	山东省气象台
2017	移动气象计量检定校准核查技术集成	山东省科技进步奖	三等奖第二位	山东省气象局大气探测技术保障中心
2018	雷电探测新技术研发与应用	中国气象学会气象科学技术进步成果奖	一等奖第三位	山东省气象科学研究所
2019	电网致灾预警及应急处置关键技术与应用	山东省科技进步奖	一等奖第二位	山东省气象服务中心

进入新时代，山东省气象局围绕山东气象现代化发展需求，瞄准气象科技前沿，深入实施《山东省气象局气象科技创新工作方案（2018—2020年）》，集中力量解决气象业务发展中的核心关键科技问题，不断提升气象科技支撑能力。

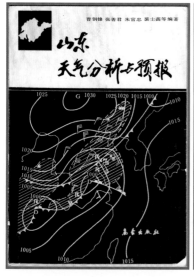

出版一批气象科技著作

气象学术期刊

中国工程院院士陈联寿审定《海 ▶
洋气象学报》期刊

2017 年 3 月 18 日，山东省气 ▶
象局召开《海洋气象学报》第一
次编委会，聘请陈联寿等 6 位院
士为《海洋气象学报》第一届编
审委员会顾问

2017年，《山东气象》改版为《海洋
气象学报》，不断提升办刊水平

气象人才培养

截至 2019 年 12 月,全省气象部门现有在职职工 2155 人,其中博士研究生 32 人、硕士研究生 285 人;中级以上技术职称 1402 人,其中正高级职称 29 人、副高级职称 496 人,2 人在聘专业技术二级岗位;有中国气象局首席预报员、首席气象服务专家 5 人,山东省有突出贡献中青年专家 1 人。

▶ 发展教育,培育气象人才

新中国建立后,省内气象科技人才培养和教育取得较快发展,通过气象职工岗位培训、中等专业教育以及联合办学和继续教育等方式,为全省气象事业发展培养了大量初、中级专业技术人才。

1979 年山东省气象局建立气象学校,设立农业气象和气象两个专业,1981 年首次招生。1982 年建立山东省气象职工中等专业学校,与省气象学校合署办公,承担正规中等专业教育和职工短期培训任务。

1984 年起,山东省气象学校任务转为在职职工中等专业学历继续教育和岗位培训,不再对社会招生。1992 年经国家气象局批准,山东省气象学校改为山东省气象局培训中心,对外保留山东省气象学校牌子。

2001 年 12 月,山东省气象局实施机构改革,明确省气象局培训中心承担全省气象部门岗位培训和继续教育任务。

▶ 搭建平台，培养科技人才

　　山东省气象部门始终把人才作为第一资源来抓，不断发挥科技人才在推进气象现代化建设中的强大支撑作用。通过搭建学术年会、科技论坛等交流平台，出台科技人才发展规划、科技人才管理办法等激发人才创新活力的文件，大力实施领军人才、骨干人才、青年人才计划等，加快建设一支有规模、成梯次、高素质的人才队伍。

2011年7月，山东省气象局首次 ▶
举办新进人员入局教育培训班

2012年7月，新进人员入局教育 ▶
培训班合影

2018年8月，史玉光局长与新进 ▶
人员合影留念

▲ 省气象局举办青年科技论坛学术报告会

▲ 2018年10月30日，省气象局表彰优秀青年气象科技工作者

▶ 协同攻关，培育创新团队

智能网格气象预报技术研发团队

▲ 2019 年 8 月，省气象局智能网格气象预报技术研发团队在运用多种气象现代化建设成果，研判分析"利奇马"台风动向

现代农业气象服务科技创新团队

2019 年 5 月，现代农业气象服务 ▶
科技创新团队召开技术研讨会

2019 年 7 月 26 日，现代农业气象 ▶
服务科技创新团队召开工作推进会

▶ 树立标杆，尊重一线人才

2013 年 11 月，山东省气象局印发《天气预报 30 年荣誉奖评选办法（试行）》，先后为省气象台预报员张少林、孙兴池、杨晓霞颁发天气预报 30 年荣誉奖，为一线预报员树立标杆、提升地位、赢得尊重。

张少林（中）

孙兴池（左）

杨晓霞（中）

▶ 岗位练兵，提升整体水平

2007 年起，山东省气象部门参加历届全国气象部门职业技能竞赛均取得优异成绩，有 4 人被中华全国总工会授予"全国五一劳动奖章"，14 人被人力资源和社会保障部授予"全国技术能手"。同时，积极举办全省气象行业职业技能竞赛，发现人才、培养人才。

2007 年，在首届全国气象行业地面气象测报技能竞赛中，山东省代表队荣获个人全能第二、团体第四名的好成绩 ▶

2008 年，在首届全国气象行业重要天气预报技能竞赛中，山东省代表队荣获全国团体第一名的好成绩 ▶

2010 年 1 月，在第二届全国气象行业天气预报职业技能竞赛中，山东省代表队荣获团体第二名的好成绩 ▶

◀ 2012 年 1 月 9—11 日，在第三届全国气象行业天气预报职业技能竞赛中，山东省代表队荣获团体第三名的好成绩

◀ 2016 年 1 月，在第五届全国气象行业天气预报职业技能竞赛中，山东省代表队荣获团体第三名的好成绩

▲ 2018 年 1 月，在第六届全国气象行业天气预报职业技能竞赛中，山东省代表队荣获个人全能奖前三名及团体第一名的好成绩

▲ 2009 年，全省气象预报
业务技能选拔赛举行

▲ 2009 年，全省地面气象
测报业务技术比赛颁奖

参赛人员在认真答题 ▶

2013 年 9 月 24—27 日，省 ▶
气象局与省总工会、省人力资
源和社会保障厅联合举办第四
届全省气象行业职业技能竞赛

▶ 勇闯南极，锻炼业务人才

在国家海洋局组织的中国南极科考中，山东省气象部门科技人员经中国气象局遴选培训，在南极中山站和长城站开展极地气象观测和大气化学研究。

1	2
3	4
5	5

1. 济南市气象局张训途是山东气象部门南极科考第一人，参加中国第 26 次南极科考活动

2. 泰山气象站赵勇参加第 33 次南极科考活动

3. 原莱芜市气象局陈传振参加第 34 次南极科考活动

4. 沂源县气象局干兆江参加第 35 次南极科考活动

5. 南极科考工作现场照

▶ 招才引智，用好外部智力

通过招才引智，建立全方位、多渠道、宽领域的合作关系，不断培养领军人才，着力提升山东省气象事业科技发展水平。

2018 年 8 月，山东省气象 ▶
局聘任中国海洋大学高山红
教授为科技顾问

2018 年 10 月，山东省气象 ▶
局聘任南京信息工程大学梁
湘三教授为科技顾问

2018 年 11 月，山东省气象 ▶
局聘任甘肃省气象局副局长、
研究员张强为科技顾问

气象学会活动

　　1950 年 2 月，中国气象学会济南分会在济南成立。1961 年 12 月，更名为山东气象学会。山东气象学会在学术交流、科普宣传等方面作出了积极贡献。

▲ 2016 年 1 月，山东气象学会第十一次全省会员代表大会召开

▲ 2016 年 4 月 14 日，举办全省气象学会秘书长培训班

▶ 开展学术交流活动

2011 年 2 月 27 日，公益性 ▶
行业专项"黄渤海高影响天气
预报中的关键技术研究"项目
启动会在济南召开

2012 年 5 月 26 日，全省第 ▶
三届气象台长论坛暨山东省气
象局与中国海洋大学 2012 年
学术交流会在青岛举行

▲ 2016 年 4 月 28 日，第六届淮河流域暴雨·洪水
学术交流研讨会召开

▶ **邀请权威专家作专题学术讲座**

◀ 2016 年 5 月 16 日，山东
气象学会邀请中国科学院院
士张人禾作学术报告

◀ 2017 年 3 月 20 日，山东
气象学会邀请中国工程院院
士陈联寿作学术报告

◀ 2019 年 7 月 23 日，山东
气象学会邀请中国气象局原
副局长许小峰作学术报告

◀ 2019 年 8 月 28 日，山东
气象学会邀请中国工程院院
士丁一汇作学术报告

气象科普工作

气象科普基地建设

全省已建成 19 个涵盖综合科普、示范校园气象站、基层防灾减灾社区在内的全国气象科普教育基地，以及 13 个山东省气象科普示范站，有力推动了气象科普事业发展。

1	
2	3
4	5
6	7

1. 2017 年 9 月，山东省气象局建成气象科学发展简史展馆

2. 济南气象科普馆

3. 沂蒙气象馆

4. 德州气象科普基地

5. 菏泽气象科普馆

6. 莒县气象科普院落

7. 社区气象科普基地

山东省气象部门以气象科普宣传基地为载体,以"3·23"世界气象日纪念活动为龙头,通过进基地、进校园、进社区、进广场等科普宣传活动,推进气象科普事业不断发展壮大。

2016年全国气象科普大赛，山东省气 ▶
象局分别获得一等奖、二等奖和优秀奖

—— 丰富多彩的气象科普宣传活动 ——

气象管理体系篇

　　山东省气象局实行中国气象局与山东省人民政府双重领导、以中国气象局领导为主的管理体制。改革开放以来，按照气象现代化和科学管理"两轮驱动"的理念，山东省气象局积极推行规划计划管理和目标管理，建立了重点工作的量化指标体系，不断完善工作业绩考核和述职制度，大大提高了科学管理能力和水平。近年来，省局党组认真落实"抓发展、促和谐、强管理"工作思路，全省气象事业健康快速发展。在中国气象局综合目标考核中连续多年获全国气象部门优秀达标单位。2018年在获得优秀达标单位的同时，党的建设工作被中国气象局在全国气象部门通报表扬。

管理体制

▶ 山东省气象局历史沿革

　　新中国成立后，在党和政府的关心支持下，山东省气象事业得到较快恢复和发展。历经 70 年的艰苦奋斗，山东气象事业发生了历史性巨变。

华东军区设立气象处，开始在山东省建设气象台站网；同时，省人民政府农林厅也在各专区、县农林场设立气候站

10月，山东军区司令部气象科转为省人民政府建制，改称山东省气象科

1月，经中共山东省委批准，山东省气象局划入省农业厅，改称山东省农业厅气象局（对外仍称山东省气象局）。同年7月，省以下气象部门划归当地政府领导，省气象局负责气象台站的业务技术指导

7月，省气象局由省农业厅划出，归省人民委员会农林办公室领导管理

1950

1952

1953

1955

1958

1964

1965

12月，山东军区司令部气象科成立

2月，经省人民政府批准，山东省气象科扩编为山东省气象局，开始接管专区、县农林场和盐场的气候站，并实行气象部门与当地政府双重领导的管理体制

4月，省以下气象部门改为以省气象局领导为主的管理体制

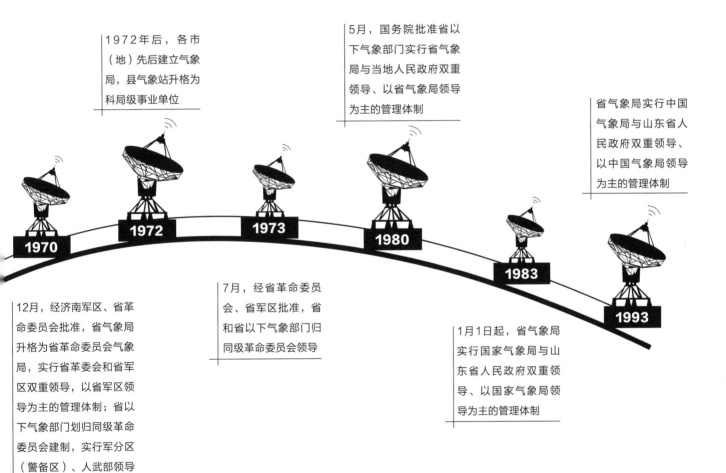

1972年后，各市（地）先后建立气象局，县气象站升格为科局级事业单位

5月，国务院批准省以下气象部门实行省气象局与当地人民政府双重领导、以省气象局领导为主的管理体制

省气象局实行中国气象局与山东省人民政府双重领导、以中国气象局领导为主的管理体制

1970

1972

1973

1980

1983

1993

12月，经济南军区、省革命委员会批准，省气象局升格为省革命委员会气象局，实行省革委会和省军区双重领导，以省军区领导为主的管理体制；省以下气象部门划归同级革命委员会建制，实行军分区（警备区）、人武部领导为主的管理体制

7月，经省革命委员会、省军区批准，省和省以下气象部门归同级革命委员会领导

1月1日起，省气象局实行国家气象局与山东省人民政府双重领导、以国家气象局领导为主的管理体制

▶ 全省气象部门组织机构图

山东省气象局共辖 16 个市气象局、123 个县（市、区）气象局（站），其中济南、青岛市气象局为副厅级单位。省气象局设 10 个内设机构、10 个直属事业单位（含省政府人工影响天气办公室）。

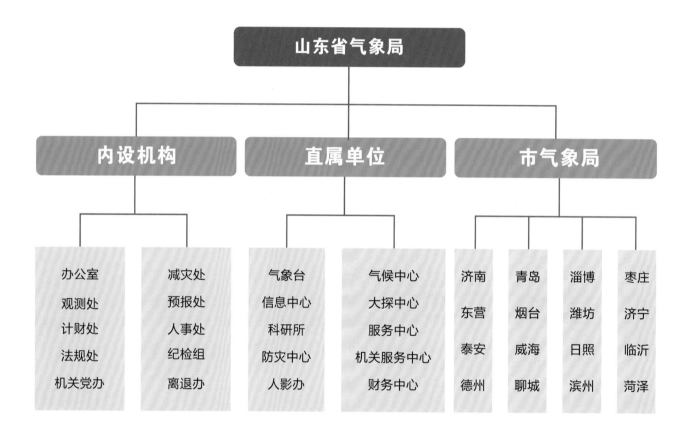

```
                    山东省气象局
        ┌──────────────┼──────────────┐
     内设机构        直属单位        市气象局
```

内设机构		直属单位		市气象局			
办公室	减灾处	气象台	气候中心	济南	青岛	淄博	枣庄
观测处	预报处	信息中心	大探中心	东营	烟台	潍坊	济宁
计财处	人事处	科研所	服务中心	泰安	威海	日照	临沂
法规处	纪检组	防灾中心	机关服务中心	德州	聊城	滨州	菏泽
机关党办	离退办	人影办	财务中心				

▶ 山东省气象局历任主要负责人一览表

姓名	职务	任职时间	单位名称
蔡 甫	科长 科长 局长	1952年12月—1953年10月 1953年10月—1955年02月 1955年02月—1958年01月	山东军区司令部气象科 山东省气象科 山东省气象局
张铭三	局长	1958年01月—1961年05月	山东省气象局
王树业	局长	1961年05月—1970年02月	山东省气象局
于从源	主任 负责人	1970年02月—1970年12月 1970年12月—1972年08月	省革命委员会气象局
张谦恒	局长	1972年08月—1979年03月	省革命委员会气象局
李向平	局长	1979年06月—1979年12月 1979年12月—1983年02月	省革命委员会气象局 山东省气象局
周祖忠	局长	1983年05月—1989年12月	山东省气象局
刘志刚	局长	1989年12月—1994年12月	山东省气象局
蒋伯仁	局长	1994年12月—2003年12月	山东省气象局
王建国	局长	2003年12月—2008年05月	山东省气象局
湖 涛	副局长 （主持工作） 局长	2008年05月—2009年02月 2009年02月—2011年01月	山东省气象局 山东省气象局
史玉光	局长	2011年01月至今	山东省气象局

党的建设

山东省气象局党组高度重视部门党的建设。1973年，山东省气象局设立中共山东省气象局机关委员会；2000年6月，报请中共山东省委省直机关工作委员会批准，更名为中共山东省气象局直属机关委员会。目前在山东省气象局党组和当地党委领导下，全省气象部门建立市级气象局党组16个、县级气象局党组3个，机关党委5个，共有党员2692名。

▲ 2018年10月16日，省气象局党组理论学习中心组举办学习培训班

▲ 2011年6月30日，举行庆祝建党90周年表彰大会暨党课报告会

▲ 2018年6月29日，山东省气象局在庆祝中国共产党成立97周年大会上表彰优秀共产党员

开展党性教育，锤炼政治品格

▲ 2011 年 6 月 30 日，山东省气象局举行新党员入党宣誓仪式

▲ 2012 年 10 月 24 日，省气象局党组理论学习中心组参观红色教育基地

2014 年 4 月 11 日，参观孔繁森纪念馆并重温入党誓词 ▶

2019 年 8 月 6 日，省气象局党组书记、局长史玉光为全局党员作"不忘初心、牢记使命"专题党课 ▶

加强党风廉政建设

▲ 2019年2月，省气象局召开视频会部
署全省气象部门全面从严治党工作

◀ 开展廉政警示教育

▲ 2016 年 11 月 28 日，中国气象局党组第一巡视
组专项巡视山东省气象局党组工作动员大会

▲ 2018 年 6 月 13 日，省气象局召开
第二次巡察情况通报会

法治建设

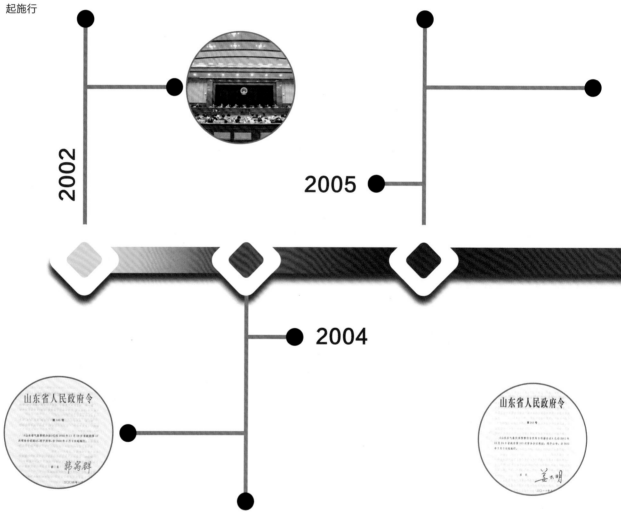

《山东省防御和减轻
雷电灾害管理规定》

2002年1月26日山东省人民政府令
第134号发布，自2002年3月1日
起施行

《山东省气象灾害防御条例》

2005年7月29日山东省第十届人民代表大会
常务委员会第十五次会议通过，自2005年10
月1日起施行

2002

2005

2004

《山东省气象管理办法》

2004年1月12日山东省人民政府令第
165号发布，自2004年3月1日起施行

气象立法工作

山东省气象局坚持从实际工作出发，结合全省防灾减灾工作和气象事业发展需要，深入开展气象立法调研，积极推进地方性气象法规和政府规章的制定工作。初步形成了"2 部法规、4 部政府规章"的山东地方气象法规规章体系，为规范山东省气象工作、强化气象社会管理和公共服务职能、促进气象事业可持续发展奠定了法制基础。

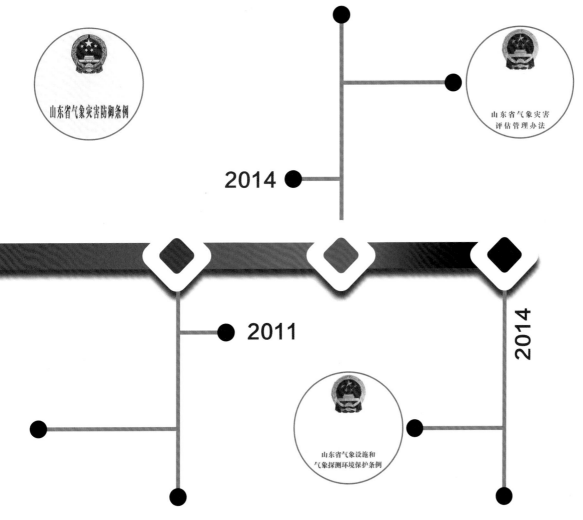

《山东省气象灾害评估管理办法》

2014年3月27日山东省人民政府令第275号发布，自2014年5月1日起施行

2014

2011

2014

《山东省气象灾害预警信号发布与传播办法》

2011年12月8日山东省人民政府令第243号发布，自2012年2月1日起施行

《山东省气象设施和气象探测环境保护条例》

2014年11月27日山东省第十二届人民代表大会常务委员会第十一次会议通过，自2015年1月1日起施行

探测环境保护

▲ 2001 年 11 月 15 日，全国人大常委会委员、农业与农村委员
会委员李来柱（左三）率全国人大农业与农村委员会执法调研
组在青岛市开展《中华人民共和国气象法》执法调研，全国政
协委员、中国气象局原局长温克刚（前排左四）陪同

▲ 2010 年 8 月 24 日，省气象局举行县级气
象局行政执法设备（第二批）发放仪式

▲ 2012 年 12 月 20 日，山东省气象局组织召开《山东省气象探测环境和设施保护条例》立法论证会

山东省人民政府

鲁政字〔2017〕84 号

山 东 省 人 民 政 府
关于公布山东省第一批不可迁移气象台站
名 录 的 通 知

各市人民政府，各县（市、区）人民政府，省政府各部门、各直属机构，各大企业，各高等院校：

根据《山东省气象设施和气象探测环境保护条例》规定，省政府确定，泰山气象站、成山头气象站和长岛气象站为山东省第

2017 年 5 月 22 日，山东省人民政 ▶
府印发《关于公布山东省第一批不
可迁移气象台站名录的通知》

　　2001 年以来，山东省气象部门不断健全省、市气象法制工作机构，强化气象行政执法队伍，加强气象法制宣传和普法教育，提升执法监督检查能力，认真履行气象行政管理职能，为地方经济建设和社会发展作出了积极贡献。

1.防雷安全监督管理	4.高效规范履行行政审批职能受到感谢
2.防雷安全联合执法	
3.施放气球安全巡查	5.开展普法宣传活动

1	2
3	4
5	5

山东省气象标准化工作成果丰硕

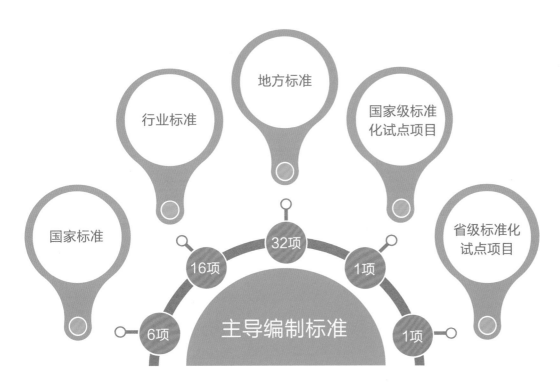

行业标准

地方标准

国家级标准化试点项目

国家标准

省级标准化试点项目

16项

32项

1项

6项

主导编制标准

1项

◄ 2019年5月,第二次全国气象标准化工作会议在山东济南召开

◄ 朱小祥副局长代表山东省气象局在第二次全国气象标准化工作会议上作典型发言

开放与合作篇

山东省气象局加强与省内外有关部门、院校、科研单位、企业的联系，开展多种形式的交流合作。同时，积极参与国际交流，引进先进技术、培养人才，不断开创合作共赢的良好局面，促进了全省气象事业发展。

省部合作

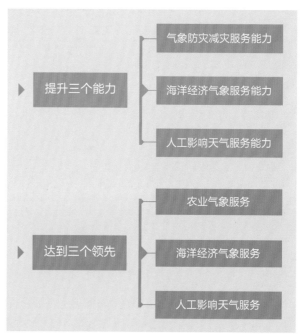

2018年8月6日，中国气象局与山东省人民政府签署支持山东省新旧动能转换重大工程合作协议

▲ 2016 年 8 月，中国气象局与山东省政府在济南联合召开《山东省气象事业发展"十三五"规划》专家论证会

▲ 2011 年 12 月，第一次省部合作联席会议召开，
双方提出共同推进山东气象现代化建设

▲ 2014年8月，省政府主持召开全面推进气象现代化工作会议

一张**蓝图**绘到底
山东省全面推进气象现代化建设巡礼

部门合作

▲ 2005 年 7 月，全国 17 省（区、市）气象信息共享研讨会在山东日照召开

▲ 2007 年 6 月 3 日，山东省气象局与中国科学院地理科学与资源研究所签署合作协议

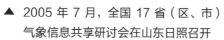

◀ 2009 年 12 月，山东省气象局与交通部北海救助局就海上救援服务签署合作协议

◀ 2011 年 8 月 23 日，山东省气象局与南京信息工程大学在日照召开局校合作座谈会

◀ 2014 年 12 月，山东省气象局与国家
卫星气象中心签署合作协议

◀ 2015 年 12 年 18 日，山东省气象局
与山东省渔业厅《海洋气象战略合作协
议》调研会在山东省石岛气象台召开

◀ 2017 年 11 月 14 日，山东省气象局
与浪潮集团共同签署补充协议，携手
共建山东"气象云"

支援新疆、西藏地方发展

▲ 2014 年 10 月 22 日，山东省气象局参加民族团结一家亲活动

◀ 2014 年 10 月 24 日，省气象局局长史玉光（左五）慰问喀什地区驻村队员

◀ 2016 年 11 月 18 日，省气象局局长史玉光（前排左一）与西藏日喀则市气象局党组书记洛桑扎西（前排右一）签署援建协议

对外学术交流活动

▶ 出访活动

1997 年 3 月，省气象局陈艳春赴以色 ▶
列国际应用气象培训中心参加第十期作
物气候模拟研修班培训

1999 年 2 月，省气象局陈文选、王以 ▶
琳参加世界气象组织在泰国召开的第七
届人工影响天气科学讨论会

2007 年 5 月，省气象局杨成芳、周雪松、▶
黄蓉赴法国参加气象保障培训

◀ 2014年8月，省气象局杨成芳参加加拿大蒙特利尔世界天气开放科学大会

◀ 2015年11月,省气象局吴炜、孟宪贵赴津巴布韦气象局开展学术交流

◀ 2019年1月,省气象局盛春岩在日本神户RIKEN计算科学中心参加第七届资料同化国际研讨会

▶ 来访活动

1988 年 9 月，苏联国家水文气象委 ▶
员会主席依兹拉瑞尔（左二）在国家
气象局副局长章基嘉（右二）陪同下，
参观曲阜市气象局

2009 年 10 月，以色列国家农业科 ▶
学院教授 Yehezkel Cohenlail 应邀
考察山东现代农业气象服务工作

◀ 2013年5月27日,来自缅甸、尼泊尔、塞拉利昂、马尔代夫、加纳、埃塞俄比亚等发展中国家的近二十位气象专家在烟台市气象局参观交流

◀ 2014年4月8日,德国气象学会主席 Gudrun Rosen-hagen 女士,将 100 多年前德国占领时期在青岛本地观测并被记录的珍贵历史气象资料归还青岛市气象局

▲ 2017年3月24日,韩国气象局代表团在烟台市气象局访问交流

港台学术交流

▲ 2004 年 9 月，台湾气象学会代表团参观中国气象学会诞生地——青岛观象台

▲ 2005年1月28日，香港天文台一行参观青岛市气象局

精神文明建设篇

　　山东省气象部门坚持"两手抓、两手都要硬"的方针，营造"快乐工作、幸福生活"的浓厚氛围，大力加强精神文明建设和气象文化建设，气象人精神进一步发扬光大，文明创建成果丰硕，为全省气象事业高质量发展提供了强大精神动力和智力支持。

文明创建活动

2000年,山东省气象部门被中国气象局、山东省精神文明建设委员会联合授予"文明系统"。2006年起,山东省气象局一直保持"省级文明单位"称号。目前全省气象系统有全国文明单位1个;省级文明单位85个,占应创建总数量的63%;市级文明单位41个,占30%;县级文明单位6个,占4%;全系统文明率达98%。

◀ 山东省气象系统文明单位
分布图

◀ 2018年9月12日,省
气象局召开全省气象部门
党建和文明创建推进会

▶ 文明单位挂牌仪式

1
2
3 | 4

1. 1998 年 2 月，青岛市气象部
   门被中国气象局授予"全国气
   象部门文明系统"

2. 1998 年 5 月，中国气象局局
   长温克刚（前一）出席威海市
   气象局"全国气象部门文明服
   务示范单位"挂牌仪式

3. 2000 年 12 月 13 日，中国气
   象局、山东省精神文明建设委
   员会在山东省气象局举行"文明
   系统"授牌仪式

4. 2012 年 3 月 23 日，省气象局
   与章丘市政府为章丘市气象局
   "全国文明单位"授牌

▶ 群团活动

1	2
	3
	4

1. 2018 年 2 月 14 日，省气象局局长史玉光一行慰问泰山气象站一线职工

2. 2018 年 8 月 16 日，省气象局联合省直机关工委前往省气象局大探中心户外作业点开展慰问一线工作人员"夏送清凉"活动

3. 2016 年 5 月 4 日，省气象局举办五四青年节登山活动

4. 2018 年 3 月 12 日，潍坊市气象局青年志愿者到潍坊市浮烟山参加全市植树活动

▶ 积极开展志愿活动

1
2
3
4

1. 2013 年 4 月 26 日，省气象局青年志愿者服务站前往济南市长途汽车总站开展志愿宣传服务活动

2. 省气象局开展"情系灾区"募捐活动

3. 2014 年 5 月 26 日，威海市文登区气象局杨毅赴济南进行造血干细胞捐献

4. 2017 年 8 月 16 日，省气象局开展无偿献血活动

丰富多彩的文化活动

▶ 精彩纷呈的文化活动

◀ 2006 年 11 月 15 日，省气象局选送的山东大鼓表演唱《气象情铸泰山魂》参加全国气象行业首届文艺汇演获得一等奖

◀ 2007 年，省气象局参加第二届全国气象人精神演讲总决赛获一等奖第一名

◀ 2010 年 2 月，省气象局举办迎新春联欢会

◀ 2018 年 2 月 8 日，省气象局举办"新时代新气象"春节联欢会

▶ 拼搏进取的体育精神

1	
2	3
4	5
6	7

1. 2014 年 5 月 10 日，省气象局足球队与烟台市气象局足球队友谊赛

2. 拔河比赛

3. 篮球——跨步上篮

4. 排球比赛

5. 职工运动会

6. 参加"完美杯"山东省第九届省直机关乒乓球邀请赛

7. 乒乓健将

弘扬气象精神

◀ 2012 年 3 月，省气象台从春华在山东省巾帼先模进机关暨"双千 · 四进"活动启动仪式上作先进事迹报告

◀ 2013 年 8 月，全省气象部门弘扬气象精神演讲比赛

◀ 2017 年 5 月 20 日，山东省气象局大气探测技术保障中心孙嫣（左五）荣获全国第二届"我身边的计量人"荣誉称号

1. 2018 年 4 月 20 日，担任东营市垦利区黄河口镇西隋村"第一书记"的东营市气象局干部吕振峰，向省委常委、组织部部长杨东奇（前排右三）汇报党建帮扶工作情况

2. 吕振峰工作现场图

3. 2017 年，西隋村 143 位村民按下红手印，恳请上级组织留下"第一书记"吕振峰继续在村里工作

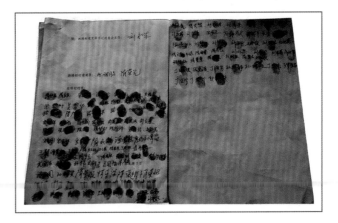

李雪亮生前为莱州市气象局局长，在他短暂的 46 年人生中，始终坚守初心、牢记使命，勇于担当、勤奋工作，作出了突出成绩。在他身患重病时，仍心系气象工作，做到了生命不息、奋斗不止。他是山东气象工作者的优秀代表，山东省气象局党组号召全省气象部门干部职工向李雪亮同志学习。他的先进事迹受到中国气象局领导的批示肯定。

◀ 山东省莱州市气象局原局长
李雪亮（1966年05月—
2012年11月）

◀ 2013年2月，李雪亮同志先
进事迹报告会

◀ 李雪亮同志先进事迹报告会

山东省气象部门历届省部级先进工作者、劳动模范名单

姓名	所在单位	表彰年份	表彰单位	授予称号
朱志英	省气象局机关	1957	中央气象局	全国气象系统先进工作者
张象聚	广饶县气象局	1959	山东省人民政府	山东省劳动模范
韩继云	泗水县气象局	1964	青海省人民政府	青海省农牧业先进工作者
郭玉槐	青州市气象局	1978	中央气象局	全国气象部门"学大寨、学大庆"先进工作者
郭长治	羊角沟气象站	1978	中央气象局	全国气象部门"学大寨、学大庆"先进工作者
胡长山	冠县气象局	1978	中央气象局	全国气象部门"学大寨、学大庆"先进工作者
王秀卿	兖州市气象局	1978	中央气象局	全国气象部门"学大寨、学大庆"先进工作者
马玉珍	省气象局机关	1978	中央气象局	全国气象部门"学大寨、学大庆"先进工作者
凌菊翠	省气象局资料室	1982	山东省人民政府	山东省劳动模范
侯振西	泰山气象站	1982	山东省人民政府	山东省劳动模范
邱洪政	威海市气象局	1996	人事部/中国气象局	全国气象系统先进工作者
肖慧卿	青岛市气象局	2000	人事部/中国气象局	全国气象系统先进工作者
凌 艺	青岛市气象局	2005	人事部/中国气象局	全国气象系统先进工作者
湖 涛	省气象局机关	2009	山东省委/省政府	第十一届全国运动会筹办工作先进个人
王德众	泰山气象站	2009	人社部/中国气象局	全国气象系统先进工作者
李 欣	蒙阴县气象局	2012	人社部/中国气象局	全国人工影响天气工作先进个人
薛晓萍	省气候中心	2012	山东省人民政府	全省粮食生产先进工作者
赵 健	省人影办	2013	山东省人民政府	山东省先进工作者
朱 虹	临沂市气象局	2014	人社部/中国气象局	全国气象工作先进工作者
赵 勇	泰山气象站	2017	人社部/中国气象局	全国气象工作先进工作者

丰富多彩的老干部活动

▲ 2019年第二季度离退休干部党员"政治生日"活动

▲ 省气象局离退休老干部开展学习党章知识竞赛

▲ 离退休党员开展"不忘初心、继续前行"教育活动

▲ 离退休党员参观泰安主题党日活动中心

▲ 到农业气象试验站参观学习

1	2
3	4
5	6

1.丰富多彩的文体活动

2.参加省直机关夕阳红健身运动
  会太极拳比赛

3.2012 年 10 月，举行欢度重阳
  节喜迎十八大庆祝活动

4.2009 年 9 月 17 日，气象职工
  退休后的快乐生活

5.省气象局老干部艺术团参加中
  央驻鲁单位庆祝改革开放 40 周
  年合唱比赛获得一等奖

6.省气象局老干部民乐队参加省
  直老干部艺术节

迈向未来篇

　　站在新起点，面对新形势，我们将以习近平新时代中国特色社会主义思想为指导，紧紧围绕国家重大战略实施和山东现代化强省建设需求，坚持在继承中创新、在创新中发展，深入推进更高水平气象现代化建设"三三三一"十项重点工作，全面开创我省更高水平气象现代化建设的新局面！

与时俱进谋划"三三三一"
全面推进更高水平气象现代化

"三三三一"十项重点工作
继续推进更高水平气象现代化总抓手

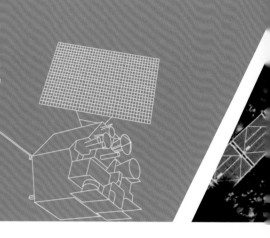

围绕新时期全省气象事业发展的

新目标、新领域、新功能、
巩固优势、补齐短板、打造亮点

突出亮点
深入挖掘山东特色
02

01
对标全国
努力实现走在前列

与时俱进
不断丰富完善

04

目标

力争到 2020 年基本建成结构完善、布局科学、功能先进，满足山东经济社会发展需求和国家气象事业发展要求的气象现代化体系

03

统筹兼顾
省市县一体推进

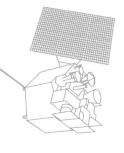

"三三三一" 重点工作

三大特色服务

深化气象服务供给侧结构性
改革,凸显特色行业服务

现代农业气象服务
海洋气象服务
生态环境气象服务

三 着重点

智能观测 智能预报
智慧服务 科技创新
科学管理 社会评价
气象信息化

一套考评体系

着力加强综合评估、目标引领,
保障气象现代化工作落实

一 标尺和指南

三个基础业务

狠抓基础与基层建设，实现
协调统筹发展

基本点

综合气象观测
县级综合业务
人工影响天气

三项核心技术

强化科技支撑，打好核心技术攻坚战

智能网格气象预报
卫星雷达等新资料应用
云计算大数据等新技术应用

突破点